PEARSON

美国简明数码摄影教程

[美] Barbara London
Jim Stone 著

吴浩　郑会茹　译

A Short Course in DIGITAL PHOTOGRAPHY

人民邮电出版社
北京

图书在版编目（CIP）数据

美国简明数码摄影教程 / （美）伦敦（London, B.），
（美）斯通（Stone, J.）著；吴浩，郑会茹译. -- 北京
：人民邮电出版社，2013.10
ISBN 978-7-115-31362-1

Ⅰ. ①美… Ⅱ. ①伦… ②斯… ③吴… ④郑… Ⅲ.
①数字照相机－摄影技术－教材 Ⅳ. ①TB86②J41

中国版本图书馆CIP数据核字(2013)第200832号

版权声明

内 容 提 要

本书汇集了几代摄影教育家的集体智慧，是一本紧随时代和社会发展的简明摄影教程，内容广泛，实用性与科学性强。书中深入浅出地讲述了摄影的各个方面，包括相机、镜头、用光、曝光、数码暗房、图像处理、组织与存储照片、作品的输出与展示等。此外，还详细讲述了作品赏析以及摄影历史等方面的知识，集器材使用、拍摄技法、后期处理与照片存储、摄影历史于一体，几乎涵盖了当今摄影界所有的基础技术和前沿技术，是一本难得的优秀摄影书籍。

本书适合所有摄影从业人士以及摄影爱好者阅读，同时也适合各类专业院校作为教材使用。

- ◆ 著　　　　 ［美］Barbara London　Jim Stone
- 　　译　　　　 吴　浩　郑会茹
- 　　责任编辑　 翟　磊
- 　　责任印制　 周昇亮
- ◆ 人民邮电出版社出版发行　　北京市崇文区夕照寺街 14 号
- 　　邮编　100061　电子邮件　315@ptpress.com.cn
- 　　网址　http://www.ptpress.com.cn
- 　　北京顺诚彩色印刷有限公司印刷
- ◆ 开本：787×1092　1/16
- 　　印张：13.5
- 　　字数：534 千字　　　　　　　　 2013 年 10 月第 1 版
- 　　印数：1- 3 000 册　　　　　　　 2013 年 10 月北京第 1 次印刷
- 　　著作权合同登记号　图字：01-2010-6023 号

定价：69.00 元

读者服务热线：(010)67132786　印装质量热线：(010)67129223
反盗版热线：(010)67171154
广告经营许可证：京崇工商广字第 0021 号

前言

如果你对相机一点都不了解，并且现在就想学着使用它，或者是你想进一步提高自己的摄影水平，恭喜，本书就能帮到你。本书中的部分内容摘自于较早出版并广受赞誉的《美国摄影教程》，后经过知识点及内容的更新，如果你使用数码相机拍摄，本书将会给你莫大的帮助。

本书将全面介绍最基本的摄影技巧：

■如何通过优化曝光拍出好的照片。

■如何根据想要的成像效果调整焦距、快门速度和光圈大小。

■如何将相机中的照片传到电脑上，将它们整理、并保存好。

■如何通过软件来处理照片，使其看上去更好看。

虽然如今市面上的绝大部分数码相机都是全自动的，但这并不意味着它们就能自动拍摄出你想要的效果。本书在这里郑重提醒各位读者：

■虽然利用相机的自动对焦和自动曝光功能能够拍摄出不错的照片，但有时通过手动控制还可以拍出更棒效果的照片。

本书中的部分精彩内容包括：

■准备开始。如果你是一名摄影初学者，这一章将会带你从头学起，教你如何选择、安装存储卡，如何设置相机功能，如何调焦，如何调整曝光，进而拍摄出你的第一张照片。请见第8页～第15页。

■计划。将会帮助你提升你的摄影技巧和表现力。结合非常生动的例子进行讲解，请见第134页或第153页。

■呈现更好的打印效果。教你如何通过图像处理软件处理照片（请见第86页～第107页），如何选择墨水和纸张（请见第115页），如何打印（请见116页），以及如何将它们装裱展示（请见第118页～第125页）。

■镜头的类型（请见第32页～第43页）、相机（请见第16页～第17页）、闪光灯（请见第144页～第149页），以及用于整理和保存照片的软件（请见第126页～第131页）。

■摄影的历史。自从19世纪早期被发明以来，摄影主要作为一种媒介，多被用于记录、说明，以及个人表达。请见第176页～第207页。

相对而言，摄影更加主观，容易凸显个人的风格。在教你拍摄照片的过程中，本书也会着力强调培养读者的个人风格：

■如何通过相机的视角去观察拍摄场景。

■如何选择快门速度、视觉焦点，以及能够区别普通快照和令人兴奋的影像间的不同元素。

■像相机一样来观察，学会如何取景和调整照片，学习如何进行有主题的拍摄，比如人像、风景等。

■摄影的历史，为大家展示经典作品，这些都是由一些最伟大的艺术家们拍摄的。

本书的目的在于，尽可能简单地教会大家摄影：

■每两页就讲完一个单独的主题。

■对于每一个过程，都有一步一步的详细介绍。

■重点标题都设置为粗体，便于读者阅读。

■每一个主题都配有大量的照片和插图来生动说明。

目录

DAVID SCHEINBAUM

Erykah Badu,Sunskine Theater,2003 年摄于美国
新墨西哥州的中部城市阿尔布开克

第1章 相机

本章中将会介绍相机最重要的控制原理，并教会读者如何控制相机，而不是让它们来控制你。目前，几乎所有的数码（胶片）相机都内置了自动曝光、自动对焦和自动闪光系统。如果你想拍出更好的照片，即使上述的自动系统无法关闭，你仍然需要了解你的相机是如何做完成拍摄的。如果这些自动系统能够被关闭，你还可以绕过相机的自动控制系统，完全手动控制相机。

- 拍摄时，你可能需要对一个移动对象的动作进行模糊化处理，也可能需要清晰地凝固某个动作。第14页～第15页中将会教你如何去做。

- 拍摄时，你可能会需要让前景和背景都清晰呈现，也可能需要使前景清晰而背景模糊失焦。第42页～第43页中将会教你如何去做。

- 拍摄时，你可能想绕过相机的自动对焦系统，只希望场景中的某个特定部分清晰对焦。第41页中将会教你什么时候、如何去做。

- 拍摄时，你可能想得到一个较亮背景下的剪影效果，也有可能并不想在明亮背景下获得一张剪影照片，请见第74页。

绝大多数专业摄影师都会使用相机的自动功能，同时他们手动控制相机会和使用相机的自动控制一样棒，如果遇到特殊的拍摄场景，专业摄影师可以在自动和手动之间选择最合适的拍摄方式，并且做到游刃有余。你也需要向专业摄影师学习，因为你越了解相机的控制原理，就越能拍出想要的好照片。

如果你正好是初学者，接下来的一些内容将会帮助你拍摄你的第一张照片。如果现在想跳过基础内容，请直接翻到第16页。

摄影师：Martin Benjamin，《Dave Matthew》，摄于1996年。拍摄照片，构图是最基本的控制。本页和上一页中的两张照片都和音乐有关。你是想表现一个动作还是手势？黑白还是彩色？横幅还是竖幅？使拍摄对象呈现于前景还是背景？要展现整个场景还是只表现一部分？更多关于构图的详细介绍，请见第152页～第153页。

阅读延伸：拍一些照片

你需要一部相机，我们建议使用单反相机。

输出。评价你工作的成果，最好是能够清楚地看见你拍的是什么。虽然拍摄的照片可以在相机的LCD显示屏上观看，但这里还是建议在电脑的显示器上查看。本书的第8页和第84页中的内容将会教你如何将相机中的照片导出到电脑中。将相机拍摄的照片导入电脑后，即使未经处理，也可以用投影仪或显示器进行浏览，可以更清楚地看到照片的细节，并且还可以预览冲洗打印后的效果。

用铅笔和笔记本记下你所做的一切。并非强制，但强烈推荐这么做。

一步一步学摄影。如果你刚接触摄影，请参考第8页～第13页中的内容。将会教你如何安装相机，如何清晰对焦，如何调整相机设置使拍出的照片不会过亮或过暗，如何拍摄自己的第一张照片。有关数码相机的更多内容，请参考第14页～第15页中的内容。

在拍摄时最好能多尝试一些不同的场景。比如，可以尝试拍摄不同远近的拍摄对象，在室内和户外拍摄，在阴影和在阳光下拍摄等。还可以尝试拍摄不同类型的拍摄对象，比如，人像、风景和动作等。第9页中的内容将会给你一些不错的建议。

你该怎么做？你最喜欢哪一张照片？为什么？与你的预期是否一样？相机的一些操作使你产生混淆了没有？遇到问题可以仔细阅读相机的使用手册，也可以咨询和你使用相同型号相机的摄影爱好者。

相机基础知识
准备好你的相机

相机的主要功能对于拍摄照片（更精确一点来讲，对于设置相机曝光）来说，十分重要。因为它能够帮助你看到被摄物，从而可以使你对被摄物进行选择，使选中的被摄物变得更加清晰，并且通过调节曝光量（光圈设置与快门速度设置）来确保照片不会过于明亮或过于昏暗。

图中显示的是相机的解剖图，同时适用于胶片相机和数码相机。对于一些特殊的相机，请参考第16页～第17页中的内容。

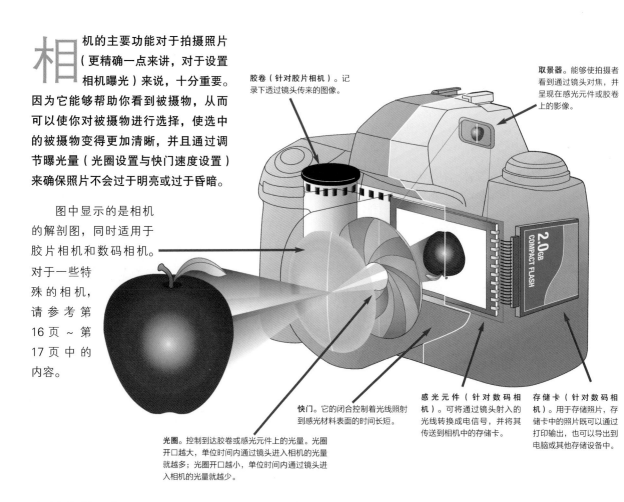

胶卷（针对胶片相机）。记录下透过镜头传来的图像。

取景器。能够使拍摄者看到通过镜头对焦，并呈现在感光元件或胶卷上的影像。

光圈。控制到达胶卷或感光元件上的光量。光圈开口越大，单位时间内通过镜头进入相机的光量就越多；光圈开口越小，单位时间内通过镜头进入相机的光量就越少。

快门。它的闭合控制着光线照射到感光材料表面的时间长短。

感光元件（针对数码相机）。可将通过镜头射入的光线转换成电信号，并将其传送到相机中的存储卡。

存储卡（针对数码相机）。用于存储照片，存储卡中的照片既可以通过打印输出，也可以导出到电脑或其他存储设备中。

存储卡的选择

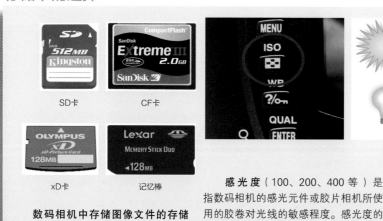

SD卡　CF卡　xD卡　记忆棒

数码相机中存储图像文件的存储卡，具有不同的存储能力与存储速度。由于存储卡的种类较多并且也不通用，因此在选择相机存储卡时应确保它能够与相机匹配。

感光度（100、200、400等）是指数码相机的感光元件或胶片相机所使用的胶卷对光线的敏感程度。感光度的数值越高，达到正确曝光（照片不过亮或过暗）所需要的光量就越少。对于数码相机，可以在相机容许的范围内随意进行感光度设置。你甚至可以为每一张照片设置不一样的感光度。感光度的数值越低，成像的画质越好。（有关噪点的信息，请参考第73页中的内容）

通常，在阳光明媚的户外进行拍摄，可将感光度设置为100～200。如果光线较暗，比如在室内，拍摄时可将感光度设置为400或更高。

检查电池

　　确保数码相机的电池电量充足。不管是数码相机还是胶片相机，没有电都无法正常工作。相机的显示屏上会有电池的电量显示标志，提示相机电池的剩余电量情况。如果要外出拍摄，请尽可能提前将电池充满电。

　　许多数码相机所使用的电池都是专用的，各厂商之间，甚至同一厂商生产的不同型号的相机，电池几乎都互不通用，并且充电器也不见得通用。还有一些便携式相机的电池是内置的，无法拆开单独充电，因此这类相机在充电时就没有办法拍摄了。

　　还有一些数码相机使用标准的干电池，在商场和超市都可以买到。绝大多数人会购买充电电池，长期使用，可以节省一笔不小的开支。

插入存储卡

　　在插入存储卡时，一定要关闭数码相机的电源，插入后确认没有问题，再打开相机电源。请确保使用与相机匹配的存储卡，不同型号的相机所使用的存储卡并不一定相互通用。

　　若需将存储卡从相机中取出单独存放，请一定要将其保护好，确保其不弄脏、不受潮、不受热、不磕碰、不接近磁场。

显示菜单

　　打开选项菜单。打开相机电源，并按下相应的按钮，使相机的显示屏中显示菜单内容。

　　仔细查看默认设置。仔细阅读相机的使用手册，搞清楚什么设置可以进行手动更改。调整前，请确定你需要更改哪些默认的出厂设置。

　　通过相机上的操作按钮**选择菜单中的某一项**，然后通过相应的选择按钮或导航键，选择该设置或进一步进入下一级菜单。

相机基础知识
调焦与曝光设置

设置基本菜单选项

选择照片的保存类型和分辨率。 相应的菜单选项可能会显示为"图像画质"，你可以根据实际需要进行选择。选择较低的分辨率或压缩格式，可以在存储卡中保存更多的照片，但是这是以损失一部分图像质量为代价的。将照片保存为 RAW 格式，可以得到最高的画质。

选择 ISO。 选择较高的 ISO 可以确保在弱光环境下顺利拍摄，但这样会使照片中产生更多的噪点。（详见第 77 页）

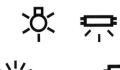

选择白平衡。 根据拍摄现场的光源情况，选择合适的白平衡设置，比如，白炽灯、阳光、户外阴影等。也可以将白平衡设置为"自动"，这样相机会根据拍摄现场的实际情况，自动调整白平衡设置。如果选择将照片保存为 RAW 格式，拍摄前也可以不调整白平衡，待拍摄结束后在后期处理环节进行调整亦可。

更多有关 ISO 的详细信息请参考第 14 页中的内容。

对焦

对焦。 对场景中最重要的景物进行对焦，确保其在取景器内清晰锐利。通过取景器来练习对不同距离的拍摄对象进行对焦，这将有助于你更加了解相机的对焦功能。

毛玻璃
微型校镜
影像分割

手动对焦。 在通过取景器看到拍摄对象的同时，手动旋转镜头上的调焦环，直到拍摄对象变得清晰为止。单反相机的取景器内有一片毛玻璃，对焦成功时，拍摄对象就会在毛玻璃上变得清晰。有些相机的取景器内还会有一个微型校镜，如果成功对焦，取景器中就会出现一个带有网格的小圆环。还有一些相机采用分割影像的方法来告诉摄影师拍摄对象是否成功对焦，如未成功对焦，拍摄对象在取景器中就会呈现多重影像。

快门释放按钮
半按快门：自动对焦
完全按下快门：快门释放

自动对焦。 半按快门时，在取景器的中央通常会有一个中心对焦框。此时，相机的镜头会前后移动，使中心对焦框内的拍摄对象成功对焦。如果没有成功对焦，就不要完全按下快门释放按钮。

更多关于对焦，以及何时、如何驾驭自动对焦功能的信息，请参考第 45 页中的内容。

设置曝光

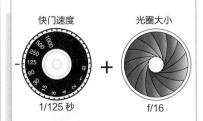

快门速度   光圈大小

1/125 秒   f/16

为了使照片正确曝光， 使其不至于过亮（曝光过度）或过暗（曝光不足），你应该根据所选的感光度设置以及拍摄对象的明暗度，来设置光圈大小和快门速度。快门速度决定光线触及相机感光元件的时间长短，光圈大小则决定着通过相机镜头进入相机的光量。

更多关于快门速度和光圈的信息，请参考第 22 页～第 29 页中的内容。

更多关于曝光和测光的信息，请参考第 63 页～第 75 页中的内容。

曝光读数

一些相机上配有**数字显示面板**，可以显示快门速度和光圈大小等参数（这里的快门速度为 1/250s，光圈值为 f/16），此外，屏幕中还会显示其他的相关信息。

还有一些相机的取景器中也会显示**快门速度和光圈值**（这里的快门速度为 1/250s，光圈值为 f/16）。

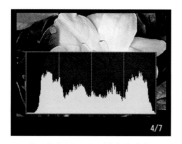

利用**直方图**可以更精确地读出照片的曝光情况，绝大多数相机都支持拍摄后在显示屏中显示直方图的功能。拍摄时，如果拍摄对象是静止的，或者拍的是合影，建议最好在正式拍摄前进行试拍，这样可以有效避免正式拍摄时曝光不足或曝光过度。更多有关直方图的信息，请参考第 62 页～第 63 页。

手动设置曝光

采用 f/5.6 的光圈对逆光的物体进行近距离拍摄。一方面，拍摄对象遮住了太阳的光线；另一方面，大面积的天空光又把拍摄对象照亮了。

手动设置曝光时，你必须自己设置快门速度和光圈大小。怎么才能知道自己设置参数适合拍摄呢？最简单的办法就是利用类似上图中的图表。根据拍摄时的光照情况来设置相应的快门速度和光圈大小。

注意，上表中推荐的快门速度为 1/250s 或 1/125s。这些相对较快的快门速度可以保证在持机拍摄时能够得到清晰锐利的图像。如果采用较慢的快门速度，比如 1/30s 或更慢的快门速度，拍摄时快门打开的时间相对更长，此时如果相机有轻微抖动，图像就会产生模糊。

可以使用相机内置的测光表手动设置曝光。将相机对准拍摄场景中最重要的部分，并激活相机的内置测光表，你就可以在取景器中看到曝光是否正确。如果不正确，就必须重新设置快门速度和光圈大小，直到正确为止。曝光数值的表示，正数代表曝光过度，负数代表曝光不足。调整相应参数，使红色箭头标志位于标尺正中间，即表示曝光正确。

为了防止相机在曝光时（如果没有使用三脚架）产生抖动而使成像模糊，最长可以将快门速度设置为 1/60s。如果快门速度为 1/125s，那么就可以更加放心地进行拍摄了。

自动曝光

采用自动曝光模式进行拍摄时，相机会自动设置快门速度和光圈值。

采用程序自动模式曝光，每一次当你半按快门释放按钮时，相机会自动进行测光，并设置相应的快门速度和光圈大小的组合。

采用快门优先模式自动曝光，你设置好快门速度之后，相机会自动设置相应的光圈大小。如果是持机拍摄，最好将快门速度设置为 1/60s 或更快。

采用光圈优先模式自动曝光，你设置好光圈大小之后，相机会自动设置相应的快门速度。如果是持机拍摄，最好保证快门速度为 1/60s 或更快。如果快门速度低于 1/60s，请相应调大光圈（调小 f 值）。

更多关于如何自定义曝光的信息，请参考第 68 页中的内容。

相机基础知识
拍摄照片

平稳持机

横幅构图拍摄时，你的手臂要与整个身体夹紧，以保持相机稳定。右手握住相机，并用右手食指按快门释放按钮；左手托住相机，并进行调焦等操作。

竖幅构图拍摄时，用左手或右手支撑住相机，将肘部抵在身体上，以保持相机稳定。

三脚架也可以平稳支撑相机，这样你就可以采用较慢的快门速度拍摄夜景，或在其他一些弱光环境下进行拍摄了。拍摄时，请记住一定要使用快门线或采用自拍模式。

拍摄照片

进行曝光拍摄。在曝光前，最好重新检查对焦与构图情况。当准备好拍摄时，须保持相机与身体的平稳，并且还要记得比较柔和地完全按下快门。

进行多次拍摄。你或许想多尝试采用不同的曝光或不同的拍摄方位来拍摄同一场景，本书的后面将会介绍关于这方面的更多内容。

#1	花园里的孩子	想让背景也保持清晰
#2	"	逆光拍摄需要加一挡曝光
#3	"	用1/30s记录运动对象的轨迹
#4	"	用1/15s运动轨迹会更明显

对象较暗

如果你每一次拍摄都有保存记录的良好习惯，那么**你的进步将会更快**。绝大多数数码相机都会自动保存有关曝光和相机的一些基本信息，比如光圈、快门速度、ISO等，并且会把这些信息保存在所拍摄的照片中。拍摄完成后查看照片时，多注意这些信息，可以对你摄影技能的提高有很大的帮助，进而可以使你多拍出更好的照片。

导出照片

在一天的拍摄结束后，或在你想详细浏览所拍摄的照片时，可以**将照片从相机导出到其他的存储设备**，比如电脑的硬盘中，这个过程叫做导出。可以将存储卡从相机中取出，然后放入读卡器中，如上图所示；也可以用专用线缆，将相机直接连接至电脑，如下图所示。还有一些相机甚至具有无线传输功能。

如果方便的话，可以**将相机中的照片直接导出到电脑中**。如果你在外拍摄，可以将照片导出到移动硬盘或数码伴侣中。在确保照片绝对安全，或已将照片至少保存在两个不同的地方之前，请不要格式化你的存储卡。

从哪里开始

通过取景器选择拍摄场景。从取景器中看一个被摄物与用肉眼看同一个被环境所包围的被摄物的感觉是不一样的。场景中最能引起你兴趣的物体或景物是什么？你为什么想要拍摄它们？想明白之后，你就会知道从哪里开始拍摄了。

靠近拍摄

许多人在拍摄时，经常会站得很远。场景中的哪一部分最吸引你？你是想展现整个地面，还是对正在烧烤的人物感兴趣？你是想展现某个建筑的整个墙面，还是想给墙上的某个涂鸦一个特写？

尝试不同的角度

最常见的拍摄角度就是在人眼高度处水平拍摄，有时也可以试着以俯视或仰视的角度拍摄，甚至还可以跪着向上拍。

留意背景与前景

拍摄对象是如何与周围的环境相关联的？拍摄时，你是愿意将拍摄对象放在画面的中央，还是将其摆在一边以展现更多的场景？场景中有没有什么东西会分散观众的对拍摄对象的注意力？需不需要改变拍摄对象的位置？

更多关于背景和构图的信息，请参考第 152 页~第 155 页中的内容。

检查光线

在光线比较均匀的场景中拍摄时，拍出的照片会比较好，如果拍摄对象后面的背景光线非常强烈，比如明亮的天空，这时就需要重新选择拍摄地点了。

尽可能地去尝试

使照片中有明亮的光线或明亮的天空（切记，不能通过取景器直接观察太阳）。有时在照片中，场景中稍暗的部分可能会一片黑，也有可能使拍摄对象在明亮的背景下形成剪影效果。

相机基础知识
使用数码相机

用数码相机有很多优势。 在每一次拍摄后，你都可以通过相机的显示屏查看拍摄效果。你可以预览保存在存储卡中的照片，还可以删除不满意的照片以节省存储卡空间。在将存储卡中的照片导出到电脑或其他存储设备之后，还可以将存储卡清空，继续使用。

数码相机允许你为每一次拍摄分别选择合适的ISO。适当调高ISO，可以在弱光环境下顺利拍摄。对于胶片相机，高感光度的胶卷颗粒感会更重一些，这种胶卷往往也被称为快速感光片。在数码摄影中，这些随机产生颗粒被称为噪点，噪点数量会随着ISO的提高而增加。（详见第77页）

使用数码相机拍摄，我们还可以根据光源情况调整白平衡设置（比如钨丝灯、荧光灯等），使照片中的颜色看起来更逼真、更自然。

针对一些非专业用途， 有一些数码相机除了具有光学变焦功能外，还拥有一种被称为数码变焦的功能。数码变焦可利用电子技术手段对照片进行放大，但是使用时一定要小心。光学变焦主要依靠镜头的焦距来改变图像，是对拍摄场景真实的放大。数码变焦则仅仅是对图像进行裁剪，然后通过放大像素的面积，从而达到放大图像的目的。利用数码变焦所拍摄的照片画质一般，还不如使用更长一点焦距的镜头，或干脆靠近一点拍摄。

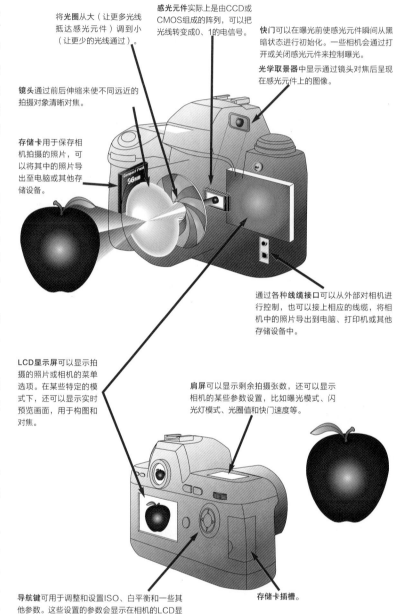

将**光圈**从大（让更多光线抵达感光元件）调到小（让更少的光线通过）。

感光元件实际上是由CCD或CMOS组成的阵列，可以把光线转变成0、1的电信号。

快门可以在曝光前使感光元件瞬间从黑暗状态进行初始化。一些相机会通过打开或关闭感光元件来控制曝光。

光学取景器中显示通过镜头对焦后呈现在感光元件上的图像。

镜头通过前后伸缩来使不同远近的拍摄对象清晰对焦。

存储卡用于保存相机拍摄的照片，可以将其中的照片导出至电脑或其他存储设备。

通过各种**线缆接口**可以从外部对相机进行控制，也可以接上相应的线缆，将相机中的照片导出到电脑、打印机或其他存储设备中。

LCD显示屏可以显示拍摄的照片或相机的菜单选项。在某些特定的模式下，还可以显示实时预览画面，用于构图和对焦。

肩屏可以显示剩余拍摄张数，还可以显示相机的某些参数设置，比如曝光模式、闪光灯模式、光圈值和快门速度等。

导航键可用于调整和设置ISO、白平衡和一些其他参数。这些设置的参数会显示在相机的LCD显示屏或肩屏上。

存储卡插槽。

使用 LCD 显示屏

　　拍摄时，可以利用相机的 LCD 显示屏或取景器进行构图。拍摄者既可以手动进行对焦，也可以让相机来完成这个对焦过程。在绝大多数拍摄模式下，半按快门释放按钮就可以实现自动对焦。接下来，拍摄者需要做的仅仅是检查曝光参数，并拍摄照片了。

　　拍摄完成后，可以通过相机的 LCD 显示屏立刻查看所拍摄的照片，以确保所拍照片符合拍摄者的预期。要注意的是，在相机将电信号从感光元件传输到存储卡的过程中，千万不要关闭相机的电源，否则会不幸丢失所拍摄的照片，还会损坏存储卡，更严重的甚至会损坏相机。

　　在相机的 LCD 显示屏中，还可以以缩略图的形式对照片进行预览。请记住，在需要时使用 LCD 显示屏，否则请关闭它以节省电池电量。

　　虽然有许多相似的地方，但不同型号的数码相机各不相同，它们的开关、按钮和菜单等都会因相机型号的不同而不同，因此使用前请仔细阅读相机的使用手册。

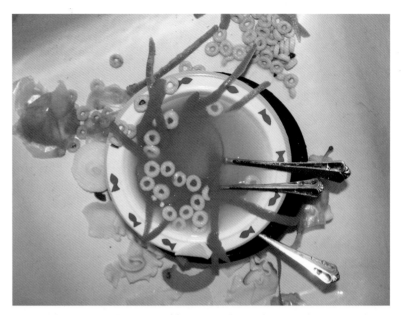

摄影师：Byron Wolfe，摄于2002年

　　画面中展现的是在葬礼之后，人们在打扫我祖父的仓库时的情景，整个画面中的颜色有橙色、黄色和蓝色（顶部）。在 35 ~ 36 岁这段时间内，Wolfe 试图尝试拍摄全新的画面，创造出一种"用流动的手法叙述人物对风景的体验"。作为一名摄影老师，凡是要求学生做到的，Wolfe 自己也一定做到，他把相机当做自己日常生活中不可或缺的一部分。Wolfe 会随身带着一部数码相机，并进行后期处理的工作，每天积极地拍摄、编辑、打印等。利用数码相机，Wolfe 可以立刻将创意和想法转变为现实，从而可以随时看到自己在摄影方面的进步，快速实现一些视觉创意，拍摄自己喜欢的画面。

相机的类型

哪一种相机最适合你？如果是偶尔拍摄家人和朋友的快照，那么一款便宜的、全自动的、无需太多操作技巧的相机会比较适合你。如果你对摄影非常感兴趣，并且报了培训班或买了相关的教程，你可能就需要一部有更多调整功能的相机，因为它可以带给你更多创意操控的空间。如果你要购买一款具有全自动功能的相机，还要确保它可以通过手动方式来操控。

单反相机可以通过相机的镜头直接将画面展现在你的眼前，所以你在取景器中看到的画面就是你即将拍摄的照片。你可以清楚地看到镜头对焦的景物，一些相机还支持对景深进行检查。对于长焦镜头来说，通过镜头观察拍摄场景的优势更为明显，你可以用它轻松地拍摄特写和清晰的画面。

大多数单反相机在支持自动曝光、自动对焦和自动闪光的基础上，还支持摄影者对相机的手动控制，此外还支持许多不同种类的可更换镜头。

绝大多数数码单反相机都与它们35mm的胶片相机前辈类似。单反相机非常受专业摄影师的青睐，

比如摄影记者、时尚摄影师，以及任何想在摄影方面有突破的人。

便携式相机（有时也被称为"傻瓜"相机）虽然主要针对业余摄影爱好者，但质量也是相当可靠的。一些专业摄影师在不愿意携带笨重的单反相机时，往往会带上这些轻巧的便携式相机。

一些便携式相机也带有取景器，只不过有时从取景器中看到的画面只是拍到照片的一部分。这些取景器的作用只是帮助摄影者选择拍摄场景，而并非是用于对焦，因为它不能显示场景中哪些部分能够清晰对焦。绝大多数便携式相机会对整个画面对焦。

因为这套观察系统和用于曝光的镜头的位置不一样，所以你通过这类取景器看到的画面和镜头中的呈现的画面是有区别的，这被称为视差，看上去会感觉拍摄对象离相机更近。

便携式相机往往并不会配备取景器，它通过相机背面的LCD显示屏实时显示拍摄场景。因为LCD显示屏中的画面来自于相机的镜头，所以画面构图更加准确。LCD显示屏的缺点在于它比较耗电，会缩短相机电池的工作时间。

全功能"傻瓜相机"能够给你几乎和单反相机上一样的控制模式，但它并不支持可拆卸的镜头。一些相机虽然号称是便携式相机，但是它们功能齐全，有的甚至和数码单反相机的个头一样大。

测距式相机也是一种拥有光学对焦系统的取景器相机，它通过取

便携式相机

景器来对焦。如果拍摄对象没有正确对焦，那么取景器中将会显示分割的影像。当你转动对焦环使拍摄对象清晰对焦时，分割的影像就会重合。

测距式相机甚至可以在弱光环境下精确对焦，但拍摄时你无法看到画面的景深，因为除了分割影像，场景中的其他所有部分在取景器中都是一样清晰的。

更好一点的测距式相机还会作视差校正，并支持可拆卸镜头，不过这些镜头的焦距并不如单反相机镜头的焦距多。这些相机大部分会使用35mm胶卷，一些会使用宽胶片，很少有数码相机。测距式相机速度快、可靠、操作起来安静，而且体积相对较小。

单反相机

中画幅数码单反

大画幅相机

大画幅相机的前面有一个镜头，背面有一块毛玻璃显示屏，镜头和毛玻璃中间还有一个可拉伸的、类似皮腔的装置。这种相机最重要的特性是它的可调性，相机的各部件之间都可以根据内在的关系相互移动，可以帮助你将镜头拉近或拉远，以适应每一种拍摄场景。你甚至还可以更换相机的镜头和背面，比如，可以在相机的背面贴上自显影胶片，或者也可以记录数码影像。

每一次曝光都是通过每一张独立的胶片来完成的，因此你可以拍摄一张彩色照片，然后再拍摄一张黑白照片，也可以使每一张胶片独立显影。这种相机所用胶片的尺寸较大，有的达到4英寸×5英寸甚至更大，因此用它拍摄的照片，即使冲印很大的尺寸也会很清晰地看到所拍的细节。

大画幅相机的速度慢，并且相对于体积更小的手持式相机来说，使用起来确实也不太方便。大画幅

相机不仅体积大，而且重量沉，使用的时候必须配合三脚架。拍摄时，在毛玻璃上显示的图像是左右颠倒的，并且通常情况下图像还很暗，因此你还必须用一块遮光布罩在自己的头和显示屏上，这样才能看清图像。当你要完整地拍摄一张照片，比如，拍摄一张建筑物或产品的照片，或者要反映某个人的工作，此时沉重的大画幅相机会带来很多的不便。

双镜头反光相机目前只有两家公司在制造，不过市场上还有许多二手的机型在售。这类相机都是胶片机，没有办法进行数码拍摄。这类相机的特点是，每一个相机都有两个镜头，一个在上面，方便拍摄者观察拍摄场景，另一个在下面，用于曝光胶片。双镜头反光相机的优点是，它使用的胶片尺寸（2.25英寸）较大；缺点是它存在视差（因为两个镜头的位置不一样），并且从取景器中看到的影像是左右反转的。现在生产的一些双镜头反光相机还可以更换镜头，不过拍摄时所有的调整都需要手动进行。

旁轴胶片相机

全功能"傻瓜相机"

一些小相机可以满足特殊的拍摄需要。水下相机不仅可以在水下拍摄，还可以在任何可能会导致相机潮湿的环境中使用。有一些相机是防水溅的，并不能在水下拍摄。还有一种特制的保护罩，可以罩在专业相机的外面，使其可以在水下进行拍摄。

全景相机可以拍摄非常吸引人的很长很窄的照片，比如风景照。全景相机的成像原理大致有以下几种：一些全景相机可以将普通的照片进行裁剪，从而形成一张全景照片；有一些相机使用的是宽幅感光元件；还有一些相机在曝光时需要将镜头从一边转到另一边连续拍摄。

数码全景照片可以在后期处理中将几张独立的照片拼接而成。一些相机可以在显示屏的一侧显示上一张照片的一部分，以帮助拍摄者顺利拍摄下一张照片，使各照片之间实现无缝连接。

立体相机会在同一时间，利用两侧不同的镜头，各拍摄一张照片，两张照片会形成一张立体照片，在通过立体取景器观察时，会给人一种立体的错觉。

相机的基本控制按钮介绍

拍 **摄你想要的照片**。相机观察景物的方式和人眼并不一样，因此你拍摄的第一张照片很有可能与你之前的预期相差甚远。本书将会帮助你了解掌控相机成像的方式，告诉你如何通过相机的视角去观察事物，并且教会你如何控制相机，拍摄自己想要的画面。下面主要以数码相机为例，胶片相机的操作和控制与数码相机基本或完全相似。

控制转盘

数字屏幕

手动对焦环

可更换镜头

在入门级的单反相机和复杂的专业级相机上都会有各种**控制按钮和显示屏**。这两种相机都可以装备大量特殊用途的镜头和附件。按下按钮或拨动转盘，就可以选择快门速度和光圈大小。每一种相机之间还可以互相更换镜头。顶级的数码相机一般不会内置闪光灯。

对于这些全自动相机，你只要按下快门释放按钮，相机就会自动对焦，并且自动设置合适的快门速度和光圈大小。当你希望手动设置相机时，你可以利用相机的手动模式。

对焦。通过相机的取景器，你可以看到相机即将拍摄的场景，

包括其中最清晰的部分，即相机成功对焦的部分。可以通过手动转动镜头上的对焦环，或打开镜头的自动对焦功能，对场景中的某一个特定部分对焦。更多关于对焦和清晰成像的信息请参考第44页~第47页中的内容。

Keith Johnson

快门速度控制。对于移动中的物体，我们可以把它拍得很清晰，也可以把它拍得比较模糊，并且模糊的程度也是可以控制的。快门速度越快，照片中的移动物体就越清晰。有关快门速度、移动和模糊的更多信息请参考第22页~第23页中的内容。

光圈控制。拍摄时，你是不是有时会希望照片中有一部分是清晰的，而其他部分是模糊的，或者是希望整个照片从前景到背景都是清晰的？调整光圈的大小可以控制照片的清晰程度。光圈越小，照片中清晰的部分就越多。详情请见第26页~第27页。

镜头焦距。镜头的焦距决定着物体在成像中的大小和场景的范围。焦距越长，物体在成像中就越大。有关焦距的更多信息请参考第32页~第41页中的内容。

曝光模式与曝光控制

自动曝光是绝大多数相机都支持的基本功能，目的是控制镜头的进光量，使拍摄的照片不至于过亮或过暗。在设置好 ISO 以后，相机内置的测光表会测量场景中光线的亮度，然后相机会根据测光的结果设置与之匹配的快门速度和光圈值，这些都是为了让正确的光量抵达相机的胶片或感光元件。随着你的拍摄经验越来越丰富，你可能会尝试手动曝光，而不再完全依赖于相机的自动控制。有关曝光的更多信息请参考第3章中的内容，详见第63页～第75页。

许多相机都可以由拍摄者选择曝光模式，使用前请仔细阅读相机的使用手册，了解相机提供了哪些曝光模式，以及如何使用这些模式。如果没有纸质的使用手册，你可以在相机厂商的官方主页上下载一份电子版的。

在程序自动曝光模式下，相机会根据厂商预先写入的程序选择合适的快门速度和光圈值。在一些迅速变化的拍摄场景中，这种自动曝光模式非常实用，因为它会让拍摄者只需专注于拍摄对象、对焦和按下快门。

在快门优先曝光模式下，由拍摄者设置快门速度，相机会自动设置与之匹配的光圈值。如果拍摄时拍摄对象的动作非常重要，比如体育摄影，那么使用快门优先曝光模式非常有用，因为快门速度能够决定成像中移动的物体到底是清晰的还是模糊的。

在光圈优先曝光模式下，由拍摄者设置光圈值，相机会自动设置与之匹配的快门速度。如果你想控制景深，或希望整个照片从前景到背景都是清晰的，使用光圈优先曝光模式非常管用，因为镜头中光圈打开的大小直接决定着影像的清晰程度。

手动曝光仍然是许多全自动相机不可或缺的一个功能。在手动曝光模式下，拍摄者可以同时设置快门速度和光圈值，相机内置的测光表还可以帮助你测量光线的亮度。

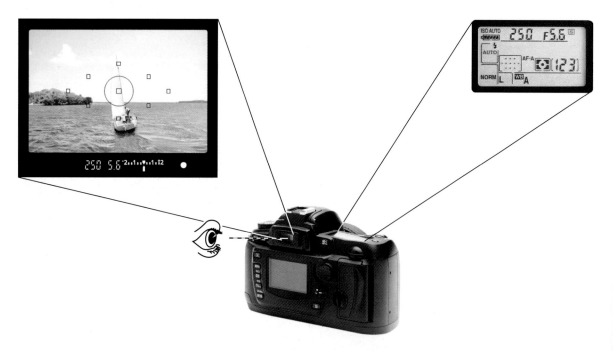

许多相机的取景器中都会显示曝光信息。取景器中会显示快门速度（这里是 1/250s）和光圈值（f/5.6），还会显示什么时候闪光灯准备就绪，以及曝光不足或曝光过度的警告。

一些相机上还会有肩屏，肩屏中也会显示一些信息，比如快门速度（这里是 1/250s）、光圈值（f/5.6）等。此外，还可以显示曝光模式、自动对焦模式、ISO 模式，以及存储卡的剩余拍摄张数等。

所有的相机都有一些基本的特征：

- 一个暗箱，用于容纳相机的一些部件，以及胶卷或感光元件。

- 一套观察系统，让你可以通过相机精确地"瞄准"。

- 一个镜头，用于构图并清晰对焦。

- 一个快门和镜头光圈，用于控制抵达感光元件的光量。

- 一套机构，用于固定和卷胶片，或者用于固定存储卡。

A. **机身**。暗箱中有相机的机械装置，在拍摄前保护相机的感光元件不被光线照到。

B. **镜头**。在取景器和感光元件的表面对焦。

C. **镜片**。一系列光学镜片的组合产生了图像。

D. **对焦环**。转动对焦环会调整镜头到感光元件表面的距离，从而实现对拍摄对象的对焦。有些相机具有自动对焦功能。

E. **光圈**。镜头中多片圆形的重叠叶片，可以调整开口大小，从而实现对光圈的调整，开口越大，进光量越多，开口越小，进光量越少。

F. **光圈环或按钮**。转动光圈环，或通过光圈按钮和转盘，可以决定曝光时光圈开口的大小。

G. **反光镜**。通过取景器观察时，反光镜将镜头中的光线向上反射到对焦屏。曝光时，反光镜迅速转动，让光线直接抵达感光元件的表面。

H. **对焦屏**。一片毛玻璃，表面会显示对焦的物体。

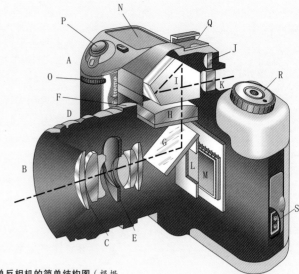

这是一张单反相机的简单结构图（根据相机具体型号的不同而不同）。单反相机名称的由来主要来自于两个部分：一个是单镜头（还有一种反光相机拥有两个镜头），一个是通过反光使拍摄者能够看到要拍摄的场景。

I. **五棱镜**。一种具有五个边的光学设备，将对焦屏中的图像反射到取景器中。

J. **测光单元**。测量拍摄场景中的光线亮度。

K. **取景器目镜**。通过它可以看到穿过五棱镜的影像。

L. **快门**。在决定拍摄照片之前，保护相机的感光元件不被光线照射到。按下快门释放按钮，随着快门的打开与关闭，一定量的光线就进入了感光元件。

M. **感光元件**。由成千上万个光敏电子设备组成的阵列（一般被称为CCD或CMOS），用于记录影像。感光元件的ISO是可调的，可以用相机的转盘或在相机的菜单中进行调整。

N. **肩屏**。绝大多数是一个LCD显示屏，用于显示诸如快门速度、光圈值、ISO，曝光模式、测光模式，以及存储卡剩余拍摄张数等信息。

O. **命令转盘**。设置快门速度，调整快门打开的时间。在一些模式下，还可以调整自动曝光的模式。在时也被称为指轮。

P. **快门释放按钮**。按下后触发一系列曝光的连锁反应，控制光圈、反光镜升起、快门打开、光线抵达感光元件。

Q. **热靴**。将闪光灯固定在相机上的接口槽，通过电信号同步相机和闪光灯。

R. **模式转盘**。对于手动相机，在一卷胶片拍完后，转动该转盘可以将胶卷卷回到胶卷盒中。如今，绝大多数新的胶片相机都带有马达，可以自动回卷胶卷。

S. **线缆连接口**。用于连接各种线缆，比如，将相机和电脑相连，或者用于遥控相机。

快门速度
对进光量和拍摄运动对象的影响

光线和快门速度。要获得正确的曝光，拍摄的照片不能过亮也不能过暗，你需要控制抵达相机感光元件（或胶片）的进光量。快门速度（快门打开的时间）是相机中可以控制光量的两个要素之一，另一个是光圈值（详见第22页）。在全自动状态下，相机会设置快门速度或光圈值，或者两个同时设置。在手动模式下，摄影者需手动对这两个要素进行设置。利用快门速度转盘（在某些机型上是一个按钮）可以设置快门速度，这样当快门释放按钮被按下后，快门就会按照设置的时间打开，然后关闭。如果将快门速度设置为B门，则在按下快门释放按钮时快门就保持打开状态，直到松开快门释放按钮为止。

运动对象和快门速度。除了可以控制相机的进光量之外，快门速度还决定着运动对象在照片中的效果。使用较快的快门速度拍摄可以凝固动作，比如，1/250s就已经足够快了，足以凝固多数场景。使用较慢的快门速度拍摄可以记录慢速移动的物体，并会有一定程度的模糊效果。照片中运动对象模糊与否，关键还取决于运动物体横穿相机镜头的速度。当相机的快门处于打开状态时，运动的对象在镜头前移动的速度越快，照片中就越容易产生模糊。此外，要想凝固动作，所选用的快门速度还取决于物体在镜头前移动的方向（稍后详述）。

镜头的焦距以及拍摄对象与相机间的距离，会影响相机感光元件（或胶片）中成像的大小，进而也会影响照片中动作模糊的程度。如果拍摄时使用长焦镜头，或拍摄对象离相机很近，那么照片中的物体就会显得较大。此时，如果拍摄对象非常靠近镜头，沿着横穿镜头的方向有一点点移动，照片中就会产生模糊。

很显然，物体移动的速度也非常重要，在其他条件都相同的情况下，拍摄快速飞翔的燕子要比拍摄盘旋的老鹰需要更快的快门速度。再快速移动的物体，它也有停下来的时候，在停下来之前，它的速度一定会慢下来。比如，当跳高运动员跳高，或者越野摩托车在飞跃障碍快到最高点时，他们此时的移动速度就要比其他时候慢一些，在这个时候拍摄，就可以用较慢的快门速度凝固动作的完美瞬间。

有关拍摄运动对象的更多信息，请参考第155页中的内容。

Drex Brooks

焦平面快门由两块快门帘组成，通常位于相机感光元件的前面。曝光时，快门帘打开，在相机的感光元件前形成一个裂口。

这个裂口的大小是可调的，裂口越宽，曝光时间越长，抵达相机感光元件或胶片的光量就越多。焦平面快门在绝大多数单反相机和一些测距式相机中比较常见。

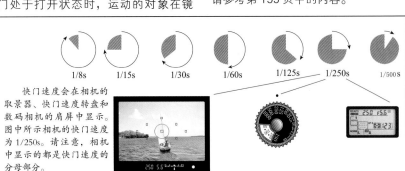

1/8s　1/15s　1/30s　1/60s　1/125s　1/250s　1/500 s

快门速度会在相机的取景器、快门速度转盘和数码相机的肩屏中显示。图中所示相机的快门速度为1/250s。请注意，相机中显示的都是快门速度的分母部分。

快门速度以秒或多少分之一秒为单位，比如1s、1/2s、1/4s、1/8s、1/15s、1/30s、1/60s、1/125s、1/250s、1/500s、1/1000s，甚至有时还会有1/2000s、1/4000s、1/8000s等。快门速度慢一挡，相机的进光量就多一倍；快门速度快一挡，相机的进光量就少一半。比如，以1/250s的快门速度拍摄，相机的进光量就要比以1/500s的快门速度拍摄多一倍，比以1/125s的快门速度拍摄少一半。目前，许多相机尤其是全自动相机快门速度的调节都是"无级"的，相机甚至可以将快门速度设置为1/225s、1/200s等任何可以达到正确曝光的数值。

叶片式快门通常在镜头内，而不是在相机机身内。叶片式快门由重叠的叶片组成，曝光时会打开，随后即关闭。

快门打开的时间越长，抵达相机感光元件表面的光量就越多。叶片式快门在绝大多数便携式相机、傻瓜相机、测距式相机和双镜头反光相机，以及大画幅相机的镜头和一些中画幅单反相机中比较常见。

1/30 s

用慢速快门拍摄，照片中拍摄对象模糊了。拍摄对象移动的方向和相机之间的关系也会影响成像的清晰程度。用慢速快门拍摄，如果拍摄对象在镜头前从左向右移动，那么照片就不会太清晰。

1/500 s

用高速快门拍摄，照片中拍摄对象清晰锐利。用高速快门拍摄，同样的赛车手、同样的移动方向，此时成像中赛车手是清晰锐利的。在曝光的这段时间内，赛车手的影像在感光元件表面的位移还不至于使照片产生模糊。

1/30 s

用慢速快门拍摄，照片中拍摄对象清晰锐利。虽然用的也是慢速快门，但这张照片中赛车手并没有模糊。她移动的方向是直对着相机，因此她的影像在感光元件中产生的位移还不至于在成像中产生模糊。赛车手产生模糊，主要是因为她移动的方向是横穿镜头。

1/30 s

用摇拍也可以使移动的拍摄对象清晰呈现。在曝光过程中，拍摄者需要沿着拍摄对象移动的方向移动相机。请看照片中的背景，这种拍摄对象清晰、背景模糊的影像是用摇拍手法拍摄的最显著的特征。

　　利用模糊表现运动。凝固动作只是表现动作的一种方式，但不是唯一的。事实上，有时凝固动作会让人觉得拍摄对象并没有在移动，仿佛处于静止状态一般。有时，允许拍摄对象适当的模糊，可以更好地展现它的运动感。

　　利用摇拍表现运动。在曝光时，沿着拍摄对象移动的方向移动相机，这是另一种表现运动的方式。如果相机端得比较平稳，用这种方法拍摄出的照片，背景是模糊的，但拍摄对象却是清晰锐利的。

快门速度
创意拍摄案例

摄影师：Naoya Hatakeyama，《爆炸#5416》，摄于1998年

　　高速快门成功捕捉到了这个瞬间。这一系列照片拍摄于一个采石场，为了自己的安全，摄影师在拍摄时用了无线快门控制曝光，并将快门速度设置为1/1000s。摄影师听取了爆破工程师的建议，根据石头的"天性"，将相机架在安全的地方，捕捉到了这个惊心动魄的瞬间。

摄影师：Josef Koudelka，《西班牙》，摄于1971年

　　利用高速快门凝固一切瞬间。此时人的动作和手势都被凝固了。

摄影师：Lana Slezic，《喂鸽子的阿富汗妇女》，摄于2005年

快门速度凝固了一些拍摄对象，同时还有另一些模糊了。曝光凝固了飞翔中鸽子快速扇动的翅膀。

光圈
对进光量与景深的影响

光线和光圈。除了快门速度之外，光圈也可以调整抵达相机感光元件或胶片的光量。转动镜头上的光圈环（有些相机是通过按按钮的方式），可以改变光圈开口的大小（全自动相机可以自动完成这个操作）。光圈有点类似于人类的瞳孔，开得大一点可以让更多光线进入，开得小一点可以让较少光线进入。

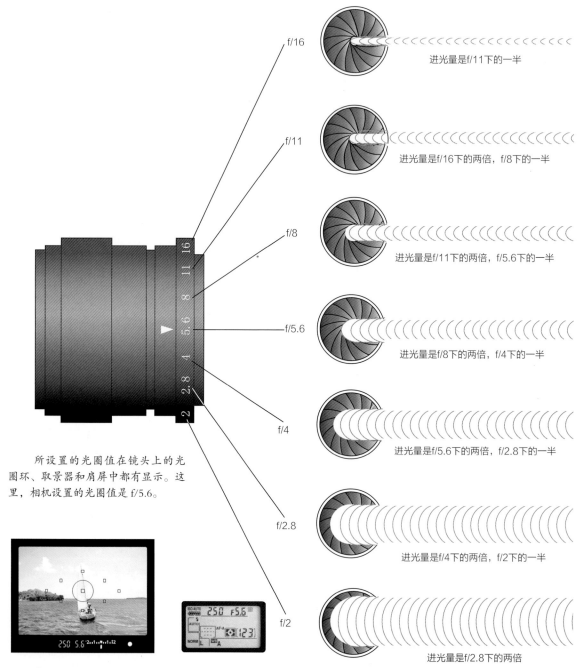

f/16 — 进光量是f/11下的一半

f/11 — 进光量是f/16下的两倍，f/8下的一半

f/8 — 进光量是f/11下的两倍，f/5.6下的一半

f/5.6 — 进光量是f/8下的两倍，f/4下的一半

f/4 — 进光量是f/5.6下的两倍，f/2.8下的一半

f/2.8 — 进光量是f/4下的两倍，f/2下的一半

f/2 — 进光量是f/2.8下的两倍

所设置的光圈值在镜头上的光圈环、取景器和肩屏中都有显示。这里，相机设置的光圈值是 f/5.6。

光线和光圈。镜头打开的大小——光圈，控制着进入镜头的光量。每一个光圈都用一个挡来表示，光圈大一挡，进光量多一倍，光圈小一挡，进光量少一半。这里要注意，光圈值以 f 值的形式来表示，f 后面的数值越小，表示光圈越大，进光量越多。比如，在 f/8 光圈下，进光量就要比在 f/11 光圈下多，同时，在 f/11 光圈下的进光量又要比在 f/16 光圈下多，以此类推。

光圈（f 值）。光圈值从大到小，依次为：f/1、f/1.4、f/2、f/2.8、f/4、f/5.6、f/8、f/11、f/16、f/22 和 f/32。比 f/32 还小的光圈通常只能在少数的大画幅相机的镜头上找到。

f 后面的数值越小，光圈的开口越大。光圈大一挡，进光量多一倍，光圈小一挡，进光量少一半。比如，在 f/11 光圈下，进光量比在 f/16 光圈下多一倍，比在 f/8 光圈下少一半。为什么光圈的开口越大，f 后面的数值越小呢？因为 f 值其实是一个比率，其数值由镜头的焦距除以光圈开口的直径而来。

相邻两个光圈挡之间是两倍和一半的关系。如果要调大进光量，请将光圈值调高一挡（f 值调小一挡）；如果要调小进光量，则需将光圈值调低一挡（f 值调大一挡）。

没有镜头能够涵盖所有的光圈挡，绝大多数包含大约 7 个挡。一般情况下，50mm 的镜头最大光圈为 f/2，最小光圈为 f/16；200mm 镜头的光圈值范围为 f/4 ~ f/22。绝大多数镜头还支持非标准的 f 值，可以支持以 1/3 挡为单位调整光圈。镜头最大的光圈值也有可能不是标准值，比如 f/1.2。

景深和光圈。光圈的大小往往还和成像的清晰程度（即景深）有关。光圈越小，景深越深，成像中前景到背景中清晰的部分就越多。有关景深的更多信息，请参考第 44 页 ~ 第 47 页以及第 155 页中的内容。

小光圈、深景深　　　　　　　　　　　　　　大光圈、浅景深

景深和光圈。光圈越小，景深越深。在 f/16 光圈下，前景清晰对焦，背景中的景物也清晰可见。在 f/2 光圈下，景深较浅，背景中的景物完全模糊了。

快门速度和光圈
模糊与景深控制

控制曝光。快门速度和光圈同时影响着抵达相机感光元件表面的光量。拍摄一张曝光正确的照片，要求照片不能过亮也不能过暗，你需要针对拍摄场景和所设置的ISO，找到一个正确的光圈值与快门速度的组合，让合适的光量进入相机的感光元件。（如何去做，请参考第63页~第75页中的内容。）

等量曝光。对于一个光圈值和快门速度的组合，在改变其中的一个要素后，若想保持曝光不变，就需要将另一个元素向相反方向调节。比如，如果调小了光圈（减少了单位时间的进光量），若想保持曝光不变，就需要相应降低快门速度（增加进光的时间），反之亦然。

改变曝光的挡。对于光圈来说，相邻两个标准挡之间对进光量的影响是一倍或一半的关系，这就是一个挡之间的差别。对于快门速度来说，也是一样。当光圈值和快门速度改变时，用挡来表示。如果想保持曝光不变，调快快门速度后（降低一挡曝光），需要调大一挡光圈（调高一挡曝光）。

应该选择哪一种快门速度和光圈值的组合呢？有多种光圈值和快门速度的组合都能获得不错的曝光，但是光圈值和快门速度各自对照片外观的影响却并不相同。快门速度会影响移动物体在照片中的清晰程度，光圈值会影响照片的景深（照片中从前景到背景的清晰程度）。有效利用快门速度，还可以避免在曝光时由相机抖动产生的照片模糊。相比借助三脚架拍摄，持机拍摄需要更快的快门速度（详见第26页中的内容）。

对于每一张照片来说，你可以决定动作和景深之间哪一个更重要。如果需要更深的景深，即前景到背景都清晰成像，拍摄时则需要更小的光圈，这也就意味着需要用更慢的快门速度，无形中也增加了相机抖动从而使成像模糊的风险。利用更快的快门速度凝固动作，意味着需要使用更大的光圈，这样照片中场景清晰的部分就会减少。根据具体的拍摄情况，有时你需要在一定的景深和适度的模糊之间做出一点妥协和权衡。

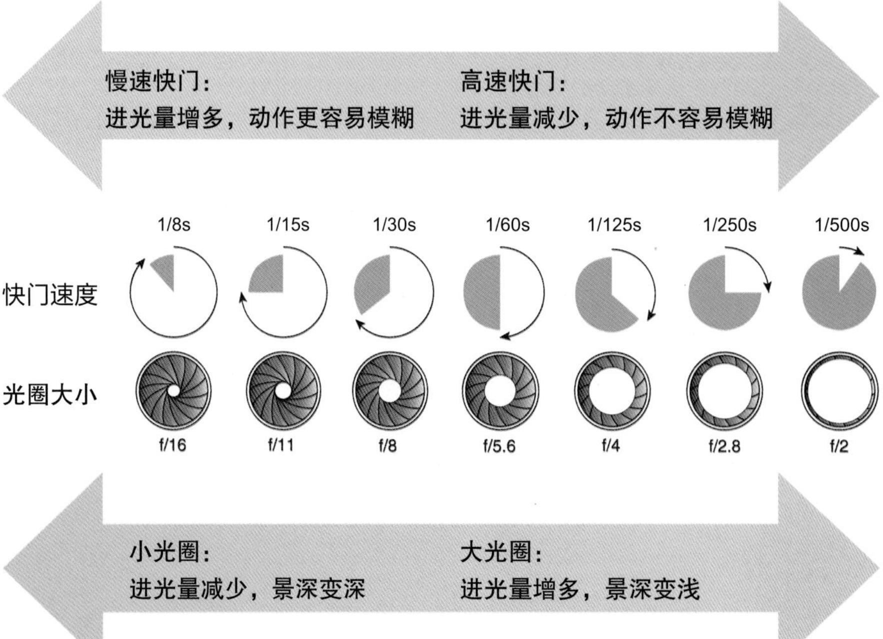

慢速快门： 进光量增多，动作更容易模糊

高速快门： 进光量减少，动作不容易模糊

| 快门速度 | 1/8s | 1/15s | 1/30s | 1/60s | 1/125s | 1/250s | 1/500s |

| 光圈大小 | f/16 | f/11 | f/8 | f/5.6 | f/4 | f/2.8 | f/2 |

小光圈： 进光量减少，景深变深

大光圈： 进光量增多，景深变浅

快门速度和光圈值的组合。快门速度和光圈大小都能控制相机的进光量。它们中的任何一个元素每变化一挡，进光量就会增加一倍或减少一半。

如果通过减小一挡光圈的方式，来减少一半进光量，要想保持等量的曝光，可以将快门速度调慢一挡。对于一些全自动相机，这些操作相机会自动为你完成。

请看左图，每一种光圈值和快门速度的组合，相机的进光量都是相同的。但是请接着看下面的内容，每一种组合对照片清晰程度的影响都是不同的。

高速快门（1/500s）：摇摆中的秋千成像清晰。

　　大光圈（f/2）：照片中的树、野餐桌和背景中的人物都在焦点之外。

快门速度

1/8s 1/15s 1/30s 1/60s 1/125s 1/250s 1/500s
f/16   f/11   f/8   f/5.6   f/4   f/2.8   f/2

光圈

　　中速快门（1/60s）：摇摆中的秋千有一些模糊。

　　中等大小的光圈（f/5.6）：背景处仍然有一些模糊，但是中景处已经在焦点范围内了。

快门速度

1/8s 1/15s 1/30s 1/60s 1/125s 1/250s 1/500s
f/16   f/11   f/8   f/5.6   f/4   f/2.8   f/2

光圈

　　慢速快门（1/8s）：摇摆中的秋千完全模糊了。

　　小光圈（f/16）：中景和背景处完全清晰锐利。

快门速度

1/8s 1/15s 1/30s 1/60s 1/125s 1/250s 1/500s
f/16   f/11   f/8   f/5.6   f/4   f/2.8   f/2

光圈

　　快门速度和光圈大小的组合。针对同一个拍摄场景，每一种曝光组合都允许相同的数量的光线进入相机，因此以上三张照片的曝光看上去都是一样的。但是请注意：利用慢速快门拍摄，摇摆中的秋千是模糊的；而利用高速快门拍摄，它又变得清晰可见。利用大光圈拍摄，景深很浅；利用小光圈拍摄，景深要更深一些。

更好地使用手中的相机

相机的抖动会导致成像模糊。虽然有一些摄影师声称自己能够稳定地持握相机，并且能用 1/15s 甚至更低的快门速度拍摄。以如此低的快门速度拍摄，相机哪怕只有一丁点儿抖动，都会导致照片中产生很明显的模糊。因此，如果想拍摄成像清晰的照片，那最好采用快一点的快门速度，或者借助于三脚架来拍摄，这样比较稳妥。

持机拍摄时，可以将所用镜头的焦距作为设置快门速度的参考依据。焦距越长，快门速度就要越快，因为长镜头可以放大镜头在曝光时的任何抖动，从而会进一步放大拍摄对象在感光元件上的成像。

通常的规则是，保证安全的最慢的快门速度是镜头焦距的倒数。比如，用 50mm 的镜头持机拍摄时，最慢的快门速度为 1/50s，用 100mm 镜头持机拍摄时，最慢的快门速度为 1/100s，以此类推。（这里的镜头焦距指的是 35mm 等效焦距，详见第 34 页）。但是，这并不意味着在曝光时相机可以自由移动。在这个相对安全的快门速度下，虽然可以进行持机拍摄，但是还是要倍加小心。在曝光的一瞬间，一定要屏住呼吸，并且轻按快门释放按钮。

有一些相机会影响你对它的持握，还一些相机在曝光时的抖动会比另一些相机大。比如，单反相机因为有反光板，所以它曝光时的振动就要比便携式相机和测距式相机大。还有一些镜头和相机内置电子稳定系统，可以帮助你在长曝光时获得清晰锐利的图像。

三脚架和快门线可以保证相机在曝光时绝对稳定。三脚架可以稳定地支撑相机，快门线可以让你在不用接触到相机的情况下释放快门。在需要使用慢速快门曝光时，三脚架和快门线非常有用，可以给你很大的帮助，比如，在黄昏日光昏暗时拍摄。此外，在拍摄很重要的照片或特写时，三脚架和快门线也可以帮到你。它们甚至还可以用于翻拍，比如，翻拍另一张照片或书中的某些内容，此时即使是用较快的快门速度持机拍摄，也很难清晰呈现原作的某些细节。大画幅相机通常都会搭配三脚架来使用。

为了在使用中保护相机，可以将相机的背带套在脖子或手腕上，防止相机跌落。镜头的前后都要盖上镜头盖，并将其放在镜头套或塑料袋里，防止灰尘进入。

带衬垫的相机包可以很好地保护器材，在移动或携带时，可以防止器材相互碰撞和振动，还可以在相机包放入其他的附件和胶卷。内有泡沫的铝合金或注塑箱子可以提供最好的保护，有的甚至还是防水的。不过缺点是，它们的体积比较庞大，用肩带携带不太方便。

电池是几乎所有相机不可或缺的重要配件。如果你的相机取景器或肩屏显示开始不正常了，很有可能是相机电池的电量不足了。多数相机都会有电池电量提示功能，当电池电量低时相机会发出警告，甚至还可以测试电池的剩余电量。在一天的拍摄开始前或在旅行前，随手检查一下电池的状态是一个很好的习惯。如果电池不能正常工作，有可能是接触不良，此时你可以试着用橡皮或一小块布擦拭一下电池和相机的金属触点，或者用手掌握住电池，使它的温度升高，这样或许也有用。

持机拍摄时，双脚要分开站立，将相机轻轻放在脸前。屏住呼吸，然后轻按快门释放按钮。

竖握相机拍摄时，左手握住镜头并调焦，右手轻按快门释放按钮。

在需要用慢速快门拍摄清晰锐利的照片时，**三脚架和快门线**是必不可少的要素。使用时，请保持快门线处于松弛状态，以免拽到相机。

清洁相机的内部和感光元件
需要非常小心。用气吹清理相机
内部的灰尘时，请将相机的正面
冲下，这样灰尘就会自然下落，
并不会留在相机的内部。

清洁镜头。首先用镜头笔清
除镜头表面任何可见的灰尘。然
后将镜头倒过来，使灰尘自然下
落，防止灰尘再次弄脏镜头。

使用镜头清洗液。拿一片镜
头纸蘸取少量清洗液，呈绕圈状
轻轻擦拭镜头表面。不要将清洗
液直接倒到镜头上，因为这可能
会使清洗液顺着镜头的边缘渗到
镜头内部。用清洗液擦拭完毕后，
再用一张干的镜头纸，仍然绕着
圈再将镜头表面擦拭一遍。

相机和存储卡在运输途中，要防磁、防振、防过热，避免温度急剧变化，要避免将设备留在大太阳下的汽车中。过热会导致相机中的润滑油软化并流出，导致一系列问题发生，比如，卡住镜头内的光圈叶片等。在非常低的温度下，相机中的电池和其他一些机械装置有可能会失效。所以，如果要在寒冷天气中拍摄，不拍的时候可以将相机揣在怀里，给它一点温暖。如果将相机从寒冷的环境带到暖和的环境中，在拿下镜头盖之前，一定要让相机有一个预热的适应过程，这样可以防止镜头结露。在海滩上，还要防止相机因含盐的海水和细小的沙子而损坏。

如果相机暂时不用，请关闭所有的开关，并将其妥善保存起来，防止过热、远离潮湿和灰尘。如果需要长时间保存，请将相机的电池卸下，防止其漏液腐蚀相机。但还要定期将电池装回相机，打开开关偶尔拍两张，这样可以防止电池长期不用后彻底失效。

不要让灰尘接近相机。如果有条件的话，最好能在无尘的环境中安装、拆卸存储卡，以及更换镜头。虽然你可以清除相机反光镜和屏幕上的灰尘，但这些工作最好还是交给经验丰富的相机专业维修保养人员来进行。

相机取景器中的灰尘和污点一般都在光学镜片的外面，很少会进到相机的内部。但是如果相机的感光元件进灰，那么拍出的每一张照片都会有污点。一些相机有内置的机械装置可以通过振动的方式清除感光元件上的灰尘。当你看到拍摄的每一张照片中的同一个位置都有污点时，请考虑清洁相机的感光元件。

数码单反相机有一个菜单命令可以用来清除感光元件上的灰尘，清除时，相机的反光镜会升起并锁定，感光元件的电源会被切断，这样就可以降低静电的影响。

触摸感光元件是非常危险的，因为这会使感光元件永远受损。为相机打扫灰尘时，最安全的方式是使用气吹，不要使用罐装的压缩空气，因为它的压力太大，容易损坏相机内部的元件。使用气吹来除尘是一个非常不错的方法。

如果相机的感光元件需要做一个更全面彻底的清洁，可以借助于以下的工具：刷子、垫子、棉签等。但是接触感光元件可能会给它带来永久性的伤害，并且还会影响相机的保修，因此最好请专业人员操刀。

所有镜头的表面都必须是干净的，这样才能保证镜头时刻处于最佳的工作状态。与其经常清洁镜头，还不如一开始就不要将镜头放在脏的地方，经常清洁镜头会破坏镜头表面的涂层。要避免用手直接接触镜头表面，因为这样会在镜头表面留下油污，进而会腐蚀镜头的涂层。镜头不用时，一定要记住将镜头盖盖好；从相机上取下镜头时，不要忘了在镜头的后面也要盖上镜头盖。在使用前要彻底清洁后镜头盖，因为后镜头盖上的灰尘经常会被带到相机的感光元件上。

拍摄时，用遮光罩能够有效避免直射光线对成像的影响。UV镜和1A滤镜对成像的影响非常小，经常被用于保护镜头免受灰尘侵蚀和偶然伤害。

清洁镜头时，需要使用气吹或罐装压缩空气、软刷子、镜头纸和镜头清洗液。用气吹或罐装压缩空气吹走灰尘，如果镜头上有手指印或污点，还需要用镜头清洗液和镜头纸擦拭。使用罐装压缩空气时，最好保持罐子始终处于垂直状态。清洁镜头时，请避免使用清洁眼镜的产品，尤其是各种眼镜布，对于镜头来说，它们太粗糙了。在紧急情况下，可以使用干净的棉布或棉纸，但最好还是镜头纸。

摄影师：Rebecca Cummins，
《水的镜头》，摄于2005年

　　每一个玻璃杯中的街道影像和相机中的成像是一样的。实际上，所有的镜头都会使画面上下颠倒。

第 2 章　镜头

所 有用于摄影的镜头所做的基本工作都是相同的。虽然要拍摄出好照片，好镜头是基本的要求，但也不是说就一定离不开它。最原始的相机结构其实很简单，就是其中一端有一个小孔的鞋盒，里面有感光元件、一张胶片或者是一张感光的摄影用纸。虽然成像没有玻璃的镜头清晰，但是小孔依然能够在其前方成像。

一个简单的镜头，比如放大镜，就能形成一个比小孔成像更亮更清晰的图像。但是简单的镜头在光学方面有很多先天的缺陷（像差），它会使成像不够清晰、不够准确。现代组合镜头由多个简单的镜片组成，这些镜片又由不同种类、不同厚度、不同曲度的玻璃制成，这些玻璃相互抵消各自的像差，从而使整个镜头弥补了早前简单镜头在光学方面的先天缺陷。

镜头的主要功能是在感光元件的表面形成清晰的、不失真的图像。镜头的种类多样，不同类型的镜头各有优长。就显著特征而言，各种镜头的主要区别在于其焦距和速度。

对于摄影师来说，**镜头的焦距是镜头最显著的特征**。单反相机和大画幅相机最主要的优点是其可更换镜头的设计。许多摄影师拥有多个镜头，这样他们就可以随时用不同的焦距来拍摄。下文中将有更多有关镜头焦距的介绍。

镜头速度和快门速度不是一个概念，更准确地应该称其为最大光圈，即镜头能达到的最大的光圈值。有时说，一个镜头比另一个镜头要"快"，实际上是指其最大光圈比另一个要大，在单位时间内能够容许更多的光线进入镜头，从而可以在弱光环境下拍摄，并且拍摄时可以使用更快的快门速度。

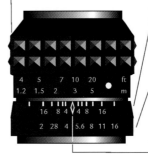

旋转对焦环可以使拍摄场景中的不同部分清晰成像。

景深刻度显示，在当前光圈下拍摄场景中有多少部分是清晰的（详见第48页）。

光圈环用来控制光圈的挡位，即镜头中光圈打开的大小。

距离标识在距离刻度上，用以表示镜头到拍摄对象之间的距离。

镜头的镜筒上有多个控制环，比如对焦环等。相机和镜头在设计上多种多样，因此在购买镜头前一定要搞清楚相机的特征。比如，一些相机的机身上就设计有按钮或控制拨轮，用来调节光圈大小，这类相机实际上就不需要配带有光圈环的镜头。镜头在标识方面往往包含焦距、最大光圈（如果是变焦镜头则标识为光圈范围），此外还会有一串编号和制造商的名称。

焦距。焦距越短，镜头的视角就越广；焦距越长，镜头的视角越窄，镜头中显示的拍摄对象就越大。

最大光圈。镜头中的光圈能打开的最大程度或指镜头的速度。用一个比值来表示，这里的比值为1:2。最大光圈值是这个比值的分母部分，这里为f/2。

滤镜尺寸。镜头的直径，用mm来表示。要给镜头配滤镜，就按照这个尺寸来购买即可。

生产商

镜头焦距
镜头间最基本的差别

摄影师们通常用焦距来描述镜头的种类，比如，标准镜头、长焦镜头、广角镜头、50mm 镜头、24-105mm 变焦镜头等。焦距会对相机的感光元件或胶片中所成的像产生两个重要的影响：一个是拍摄场景的范围（视角），另一个是拍摄对象的大小（放大率）。

焦距是如何作用于图像的。镜头的焦距越短，镜头中所能显示的拍摄场景就越多，场景中的每一个物体就越小。你可以用拇指和食指圈成一个环，来演示上述的描述。两个手指圈成的环（镜头）离你的眼睛（相机的感光元件或胶片）越近，你会看到越多的景物（视角越宽）。在相同尺寸的感光元件（或底片）上显示的物体越多，这些物体在照片中的尺寸就越小（放大率越小）。类似的，拍摄时你可以使相机的感光元件上只显示一个人头，也可以同时显示 20 个人，但此时每个人的人头就会很小了。

感光元件的表面积对视角的影响。在使用相同镜头的前提下，较小的感光元件捕捉到的场景要少一些。一些数码相机的感光元件的尺寸和 35mm 胶片（24mm×36mm）一致，这种感光元件叫全画幅感光元件，主要装备在价格相对较高的高端专业相机上。还有一些相机使用的感光元件尺寸稍小一些，镜头

配在这些相机上以后，其焦距还要换算成 35mm 相机的等效焦距。如果在一个装备 APS-C 画幅（24.9mm×16.6mm）感光元件的相机上，配备一个 31mm 焦距的镜头，这种配置所能看到的视角和在一个全画幅相机上装一个 50mm 焦距的镜头看到的视角是一样的。本书中所提到的焦距都是指 35mm 等效焦距。APS-C 画幅相机的镜头转换倍率一般为 1.6。将镜头焦距乘以 1.6 就会得到 35mm 等效焦距。

可更换镜头使用起来非常方便。在一张照片中能够显示的场景大小和物体大小，可以通过改变相机和拍摄对象之间的距离来实现，但是如果通过改变镜头的焦距来实现，将会更加灵活，更容易掌控。有的时候你根本无法离拍摄对象太近，比如，站在湖边拍摄湖中的小船。有的时候你也无法离拍摄对象太远，比如，在一个很小的房间内拍摄一大群人。

一些相机可以配备多种不同的镜头，比如单反相机，在需要改变焦距时，可以通过更换镜头的方式来实现。可更换的镜头的种类很多，从拥有超广角的鱼眼镜头到超长焦镜头，焦距范围的跨度也非常广。变焦镜头实际上就是一个可以调整焦距的镜头。

阅读延伸：

镜头焦距

你需要一台相机，以及一个变焦镜头或者两个不同焦距的镜头。两个镜头的焦距相差越大，越能看出两个镜头之间的差别。如果可能的话，你可以配备一个短焦距镜头（35mm 或更短）和一个长焦距镜头（85mm 或更长）。

步骤

将短焦镜头安装在相机上，或将变焦镜头的焦距调到最短（即能通过相机看到的最广视角的那一端），然后给你的朋友拍摄一张全身照。拍摄时，从取景器中看出去，要使你朋友的脚位于取景器的最底端，头位于取景器的最顶端，记下此时你和你朋友之间的距离。

给相机换一个长焦镜头，或者将变焦镜头的焦距调到最远（此时拥有最窄的视角），按照上面的方法再给你的朋友拍一张照片，最好两张照片中能有同一个房子或椅子。

你该怎么做？

比较刚才拍摄的两张照片。再比较一下拍摄两张照片时，你和你朋友之间的距离。两张照片中的背景有什么不同？两次拍摄，焦距由短变长后，照片的景深有没有改变？还有什么变化？

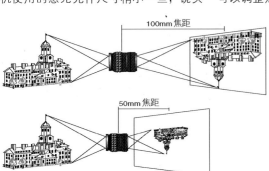

焦距是指镜头后的光心到镜头在胶片或数码相机的感光元件所成的像之间的距离，即镜头在对焦到很远处（从技术角度来讲叫无限远）时，其后光心到成像平面之间的距离。放大比率是指拍摄对象在图像中的大小，这直接和焦距有关。拍摄时焦距增加，拍摄对象在图像中也会随之变大。拍摄同一个物体时，100mm 镜头所产生图像的大小是 50mm 镜头所产生图像大小的两倍。

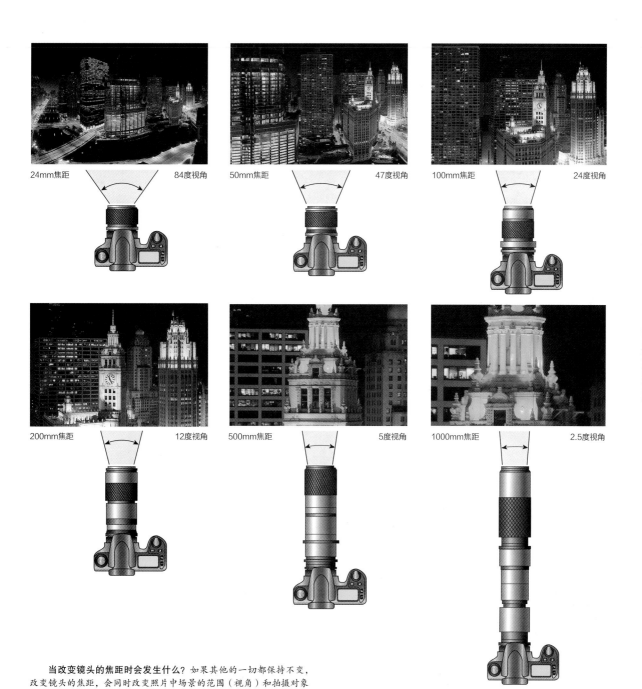

24mm焦距　　　　　　　　　84度视角

50mm焦距　　　　　　　　　47度视角

100mm焦距　　　　　　　　　24度视角

200mm焦距　　　　　　　　　12度视角

500mm焦距　　　　　　　　　5度视角

1000mm焦距　　　　　　　　　2.5度视角

　　当改变镜头的焦距时会发生什么？ 如果其他的一切都保持不变，改变镜头的焦距，会同时改变照片中场景的范围（视角）和拍摄对象的大小（放大比率）。保持镜头和拍摄对象之间的距离不变，只改变镜头的焦距，随着镜头焦距的增加（比如从 24mm 增加到 50mm），相机的视角会逐渐变窄，拍摄对象在成像中会越来越大。

标准焦距

最接近人眼视角的标准镜头

标准焦距镜头，就像它的名称一样，会产生二维的图像，和人眼看到的图像类似。直对着前方时，标准焦距镜头的成像视角和人眼的视角相同，拍摄对象的相对大小，以及近处和远处的拍摄对象的尺寸也符合人眼所见到的尺寸。对于全画幅相机（或 35mm 胶片相机）来说，要达到上述的效果只需配合 50mm 镜头即可完成。厂商在生产相机的同时，还会生产一种定焦镜头（焦距固定的镜头，相对于变焦镜头），其中就包含刚才提到的 50mm 定焦镜头。

相机中感光元件的尺寸决定了，对于这台相机来说什么是标准焦距镜头，标准镜头的焦距约等于相机感光元件或胶片对角线的长度。比如，对于使用 4×5 英寸胶片的大画幅相机来说，其标准焦距为 150mm。

标准镜头有很多优点。通常情况下，相对于更短或更长焦距的镜头，标准镜头要更快，它们的最大光圈相对更大，在单位时间内可以让更多的光线进入镜头。因此，标准镜头非常适合在光线较弱的环境下使用，尤其是在拍摄动作时，比如，在剧院拍摄表演，在室内拍摄体育运动，或在光线较弱的室外拍摄等。如果是持机拍摄，标准镜头是非常不错的选择，因为其较大的光圈可以使快门速度足够快，以防止在曝光时因相机抖动而使成像模糊。一般情况下，标准镜头更为小巧轻便，其中的一些价格还比更长或更短焦距的镜头更便宜。

焦距的选择完全取决于个人喜好。许多使用全画幅相机的摄影师通常喜欢使用 35mm 镜头，而不是 50mm 镜头。这主要是因为相对于 50mm 镜头，他们更喜欢 35mm 镜头更广的视角和更深的景深。也有一些摄影师习惯使用 85mm 镜头，因为他们喜欢更窄的视角，这样可以在画面中更加凸显他们感兴趣的拍摄对象。

摄影师：Robert Richfield，《英格兰东萨塞克斯郡的港口城市伊斯特本》，摄于 1993 年

利用标准焦距镜头产生了这样的"标准"的画面，这也正是你可能在这个有利地形下期望看到的。

摄影师：Henri Cartier-Bresson，《希腊》，摄于1961年

　　标准焦距镜头产生了这张和人类视角相近视角的照片。摄影师 Cartier 用他的 35mm 莱卡相机和 50mm 镜头拍摄了许多家喻户晓的美丽照片。拍摄时，如果你站在相机的旁边，你所看到的场景范围，以及远近各处物体的位置和相对大小，将和这张照片中所展现的一样。这张照片不像用广角镜头拍出的照片那样视角广阔，也不像用长焦镜头拍出的照片那样具有强烈的空间压缩感。

长焦距

长焦镜头

用**长焦镜头拍摄**，仿佛可以将物体拉近。镜头焦距变长，拍摄场景的范围就会缩小（视角变窄），拍摄对象就会被放大（放大比率增加）。拍摄时，如果距离拍摄对象较远，用标准镜头画面中的物体会显得很小，此时用长焦镜头拍摄就非常有效。有时拍摄，根本没有办法靠得太近，比如在拍摄体育赛事时。有时保持一定的距离反而会更好，比如在从事自然摄影时。拍摄奥运会撞线的瞬间，美国总统从"空军一号"上下来，以及正在爆发的火山等，就非常合适使用长焦镜头。

多长才叫长焦镜头？ 对于全画幅相机来说，最流行的中长焦镜头是 105mm 镜头，这个焦距的镜头可以放大图像，但是在一些特殊情况下，镜头的效能会被限制。一支 65mm 镜头用在 APS-C 画幅的相机上，要乘以 1.6 的焦距系数（详见第 34 页），这样

一来它的焦距就比较长了。而对于 4×5 英寸的大画幅相机来说，常用的长焦镜头则为 300mm 镜头。中长焦距镜头和超长焦镜头（比如装在全画幅相机上的 500mm 镜头）间的差别，非常类似于普通双筒望远镜和高倍率专业望远镜之间的差别。你可能偶尔会用到专业望远镜，但比较常用的是普通望远镜。

长焦镜头会带来相对较浅的景深。 当使用长焦镜头时，你将会发现随着焦距的变长，景深会逐渐变浅，以至于在任何给定的光圈下能够清晰对焦的场景越来越少。比如，对相同距离处的物体对焦，同样采用 f/8 的光圈，200mm 镜头成像的景深就要比 100mm 镜头成像的景深浅。有时这可能会带来不便，比如，在你希望拍摄对象能够同时在前景和背景中清晰对焦时。但是有时也可以充分发挥长焦镜头的优点，比如，要忽略不太重要的细节，或要模糊化场景中杂乱的背景时。

摄影师：Andreas Feininger，《美国纽约的玛丽皇后号远洋邮轮》，摄于 1946 年

长焦镜头放大了远处的拍摄对象，可以让你在远处进行拍摄。摄影师 Feininger 使用了 1000mm 的镜头，在哈德逊河的新泽西州一侧进行拍摄，距离拍摄对象有两公里远。

摄影师：Ralph Crane，《加利福尼亚州洛杉矶市》，摄于1958年

长焦镜头看上去把空间给压缩了。停车计时器、汽车和标志牌在这张照片中看上去被不可思议地压缩到了一起，这主要是由于拍摄时使用了一支超长焦镜头。怎样才能达到这样的效果？请见第50页～第51页中的详细介绍。

中长焦镜头尤其适合拍摄人像，因为摄影师可以在相对较远的位置进行拍摄，并且同时还能使人物充满画面。许多人喜欢拍摄时镜头离他们能稍微远一点，这样他们能更放松一些。同时，让相机和拍摄对象保持适当的距离，还可以防止拍摄对象的面部特征被夸张的放大。对于拍摄半身照来说，较好的拍摄距离为2米～2.5米，此时比较适合使用焦距为85毫米～105毫米的中长焦镜头。

相对于标准镜头，长焦镜头体积更大、重量更重、价格更贵。长焦镜头的最大光圈相对较小，一般为f/4或f/5.6。拍摄时必须要小心对焦，因为长焦镜头浅景深的特点，会明显区分清晰对焦的焦内区域和模糊的焦外区域。持机拍摄时，需要用稍快一点点的快门速度来保证画面清晰锐利（或者也可使用三脚架），因为在曝光中即使有一点抖动，经过镜头的放大作用，就会使成像模糊。这些缺点随着镜头焦距的增大而增多，但是这就是长焦镜头成像的独特之处。

虽然不是所有的长焦镜头都是为远距离拍摄设计的，但摄影师还是经常会把所有的长镜头都称为长焦镜头。真正的长焦镜头要比拥有相同焦距的长镜头要小。还有一种可以增加镜头焦距的配件叫增距镜，其内包含一块可以有效增加焦距的光学透镜，使用时增距镜需安装在机身与镜头之间。要记住，虽然使用增距镜以后镜头的焦距得以增大，但相对于原本就拥有相同焦距的长焦镜头来说，使用增距镜以后镜头的光学性能还是会下降的。

短焦距
广角镜头

摄影师：Eugene Richards，《Reina Cabrera, La Sierra Marcala, Honduras》，摄于1997年

短焦镜头又被称为广角镜头，其最重要的特点是比标准镜头拥有更广的视角。标准镜头的视角和人眼的视角相近。如果你轻轻地将眼睛从一边扫到另一边，你所看到的视角大约是63°，一支35mm广角镜头的视角也大致如此。如果你先转头看你的左肩，然后再转头看你的右肩，你所看到的视角大约为180°，一支7.5mm鱼眼镜头就能一次记录下这么大范围的画面。

对于全画幅相机来说，最流行的广角镜头是28mm镜头；对于使用6cm×7cm胶片的中画幅相机来说，比较适合的广角镜头为55cm镜头；而对于使用4英寸×5英寸的大画幅相机来说，90mm镜头比较适合作为它的广角镜头。

短焦镜头可以将许多元素拍进同一张照片。虽然拍摄场景的空间非常有限，但是摄影师还是想尽可能多地展现这拥挤不堪的环境。广角镜头在此功不可没。

旅游摄影师、风光摄影师和其他主要拍摄快速移动物体和一些拥挤环境的摄影师们，都非常喜欢使用广角镜头。比如，许多旅游摄影师将35mm镜头，甚至是28mm镜头当成他们的标准镜头来用，而不是使用传统意义上的50mm镜头。相比50mm镜头，这些中短焦镜头能够带来更广的视角，更容易在近距离进行拍摄。同时，更短的镜头还能够带来更深的景深。

短焦镜头展示了一幅宽广的画面。短焦镜头非常适合用来拍摄广视角画面。不论拍摄对象距离镜头很近还是非常远，短焦镜头在成像时都能产生非常深的景深，即便是用一个相对较大的光圈拍摄。

短焦镜头能够带来更深的景深。镜头的焦距越短，所拍摄的场景就越清晰锐利（在光圈，以及摄影师距拍摄对象的距离未改变的情况下）。比如，用一支28mm镜头拍摄，光圈设为f/8，此时成像的景深范围为，距相机2米处到无限远（眼睛或镜头所能看到的最远处）。

广角的"变形"。广角镜头能够使图像产生透视变形效果。有时，这些变形效果是由镜头引起的，比如，鱼眼镜头的透视变形效果就非常强烈（详见第43页中的下图）。但更多的情况是，有时看上去似乎是由广角镜头引起的变形，实际上是由于摄影师在拍摄时离拍摄对象太近造成的。

比如，一支28mm镜头的最近对焦距离大约为0.3米，焦距更短的镜头，其最近对焦距离还要更近。通过广角镜头成像，任何靠近相机的物体都会显得比远离相机的物体要大。当用广角镜头在场景中拍摄时，你需要时刻注意自己是否离拍摄对象太近了，一般情况下你不太会注意到图像中产生的任何变形。然而，在一张照片中，你会立刻注意到物体大小的对比。我们印象中的基于物体大小关系的透视变形，主要取决于镜头与拍摄对象之间的距离。

靠近镜头的物体在成像中显得更大。短焦镜头可以产生一种非常奇怪的透视变形效果。因为能够在非常近的距离下对焦，所以相对而言，短焦镜头能够使前景中的物体显得比背景中的物体更大。拍摄时，将镜头靠近躺在地上的人的脚，照片中的这双脚看上去非常巨大，整张照片与上图完全是不一样的感觉。

变焦镜头、微距镜头和鱼眼镜头

除了较为常用的广角镜头、长焦镜头和标准镜头以外，还有一些其他的镜头，比如本节中将会提到的，它们会以一种全新的方式展示场景，或者轻而易举地解决一些特定的问题。

变焦镜头非常受欢迎，这主要是因为它在一支镜头中包含了多种焦距。变焦镜头中的光学镜片之间的距离是可变的，因此只要在镜头的焦距范围内，拍摄者可以随意选择所需的焦距。比如，使用 50–135mm 变焦镜头，相当于同时拥有 50mm、85mm、105mm 和 135mm 的定焦镜头，此外还可以使用这些焦距之间的焦距。相对于定焦镜头，变焦镜头的价格更贵、体积更大、重量更重，但是不可否认，一支变焦镜头就可以代替两支或更多的定焦镜头。在光线充足的情况下，变焦镜头非常好用，因为它们的最大光圈往往比较小。与早期的变焦镜头相比，新款变焦镜头的成像更加锐利，但是与定焦镜头相比，还是要略逊一筹。此外，绝大多数新款变焦镜头还支持自动对焦功能。

微距镜头主要用于近距离拍摄，其特殊的光学设计会对镜头在对非常短的对焦距离下拍摄时产生的像差进行校正，同时它也可以被用于在正常距离下拍摄。微距镜头的缺点是其最大光圈要稍微小一点，50mm 镜头的最大光圈一般为 f/2.8。（更多有关近距摄影的信息，请参考第 52 页～第 53 页中的内容。）

微距变焦镜头同时具有微距镜头和变焦镜头的特点。它们也可以在很近的距离下对焦，虽然其对焦距离往往没有定焦微距镜头近，但是它可以为拍摄提供更多的焦距选择。

鱼眼镜头拥有非常广的视角，甚至可以达到 180°。用鱼眼镜头拍摄，离镜头近的物体要比离镜头远的物体显得大很多。鱼眼镜头还会使成像产生急剧变形，将画面边缘的直线变弯曲。鱼眼镜头成像的景深也非常深，在镜头前和在很远处的物体都能够清晰对焦。

变焦镜头给了人们用一支镜头选择不同焦距的机会。图中的矩形框显示了用不同的焦距拍摄，所能捕捉到的画面范围。

摄影师：Arlindo Silva，《红蜻蜓》，摄于1997年

利用微距镜头拍摄，摄影师可以靠得非常近，来展现许多非常小的细节，比如这张昆虫的特写照片。在镜头所允许的拍摄距离内，你必须非常小心，不要无意中让阴影遮住了拍摄对象。

摄影师：Donald Miralle，《加利福尼亚州伍德莱克地区的竞技表演》，摄于2005年

利用鱼眼镜头，在这个不同寻常的有利角度下，拍摄了这张狂怒的公牛在骑牛比赛开始前破门而出的照片。通过鱼眼镜头的渲染，画面中的栏杆都已弯曲。同时还可以看到，位于画面边缘的物体要比画面中间的物体变形更严重。

对焦和景深

清晰的对焦吸引眼球。照片中清晰对焦的部分就像一个信号，提醒观赏者把目光聚焦在照片中的某个特定位置，尤其是在照片中的其他部分没有清晰对焦时。如果一张照片中有一部分清晰对焦，其余部分是模糊的，观赏者的目光很自然地会首先落在清晰对焦处（请看第157页中的照片）。在拍摄时，你也会很自然地将相机对焦于场景中最重要的区域。在某种程度上，你可以对场景中哪些地方需要清晰对焦进行选择。

当你对某个拍摄对象对焦时， 通常会通过转动镜头上的对焦环来实现，此时镜头和感光元件（或胶片）之间的距离会随之进行调整，直到在取景器中看到拍摄对象清晰的像为止。如果你使用的是具有自动对焦功能的相机，对焦时只需半按快门释放按钮即可。

景深。 理论上，一支镜头一次只能对焦在一个距离上的平面（焦平面），位于该平面外的不同距离的物体在成像中都不会太清晰。在绝大多数情况下，虽然不如焦平面上的物体清晰，但是位于对焦平面前后方的部分场景相对而言会比较清晰。这个在焦平面前后都能形成相对清晰的像的距离范围，就叫景深，它既能够增加，也能够减少（详见第46页～第47页）。

Karl Baden

景深就是在焦平面前后都能形成相对清晰的像的距离范围。 景深可以很深，这样的照片前景到背景中的所有物体都会清晰对焦。上左图中，从前景中小狗的前爪一直延伸到背景中的石柱都是清晰的，而拍摄时摄影师实际上是对着小狗的眼睛对焦的。

上右图中，摄影师想要一个比较浅的景深，只希望部分场景清晰对焦。拍摄这张照片时，摄影师同样还是对小狗的眼睛对焦，但这张照片中只有小狗的眼睛部分是清晰的。

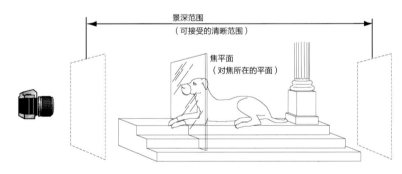

把焦平面（对焦处所在的平面）想象成一个在拍摄场景中平行于镜头表面的一面玻璃。这个平面中的对象在成像中都是清晰的。处于焦平面前后景深范围内的对象，在成像中的清晰度相对也可以接受。在一张照片中，对象离焦平面越远，不论是朝远离相机还是靠近相机的方向，它在成像中的清晰度就越低。如果对象离焦平面足够远，那么它就有可能跑到景深范围之外，从而在照片中呈现出明显的失焦现象。

请注意，在普通对焦距离时，景深的范围前至焦平面1/3处，后至焦平面2/3处。但是，当对非常近的拍摄对象对焦时，景深范围几乎会被平分，前后各距焦平面1/2处。

如果有一个主要对象（或同时有多个对象）位于拍摄场景中的一侧，并且它（或它们）和画面中间的对象保持一定的距离，拍摄时如果采用自动对焦，将意味着拍摄对象将处于失焦状态。绝大多数自动对焦相机都只会对画面中间的对象对焦，这张照片中是对书架上很小的一部分进行对焦。

为了解决上述问题，首先通过使主要拍摄对象位于自动对焦区域内，来选择对焦距离，并半按快门释放按钮。持续半按快门释放按钮，以锁定对焦状态。

在保持半按快门释放按钮的状态下重新进行构图，然后完全按下快门释放按钮，以完成拍摄。

过去，**自动对焦**功能只出现在便携式相机上，但是现在它几乎是所有相机上的标准配置。当半按快门释放按钮时，相机会自动调整镜头，判断拍摄者需要拍摄的对象（通常情况下是位于取景器画面中间的任何对象），并使其清晰对焦。

有时也可能需要进行手动对焦。和自动曝光一样，当你需要跳过相机的自动对焦系统时，这需要花一定的时间。绝大多数具有自动对焦功能的单反相机都支持手动对焦功能。

最常见的问题往往发生在拍摄对象不在画面中心，位于画面一侧时。透过玻璃对焦，拍摄对象的对比度很低；在弱光环境下拍摄，或拍摄场景中有大量重复的图案时，相机的对焦系统也会出现问题。

拍摄移动的对象也同样会出现问题。相对快速移动的物体来讲，相机的自动对焦系统进行调整需要较长的时间，比如，在拍摄赛车时，或拍摄对象移动到画面之外时。在上述情况下，镜头会来回反复移动，像猎人瞄准猎物一样，此时镜头要么是根本无法对焦，要么是在照片中拍摄对象会呈现失焦状态。

一些相机拥有更高级的对焦组件，可以更好地解决上述问题。它们的自动对焦系统更快，比如，有些厂商将对焦马达从相机的机身中移到了镜头内。因此，在拍摄前一定要仔细阅读相机和镜头的使用手册，明确掌握它们自动对焦系统的工作方式。

多花一些时间，对每一种拍摄场景进行详细评估。在必要的时候完全可以采用手动对焦的方式进行拍摄，而不是简单地用相机的自动对焦系统对焦。

景深

控制照片前景到背景的清晰度

景深。从前景到背景完全清晰，除了表面区域以外都处于失焦状态，或者只有特定的地方能够清晰对焦，你可以自由决定照片的清晰度。在拍摄时，你可以通过调整三个因素来控制景深（即在焦平面前后都能形成相对清晰的像的距离范围）。在下一页中将会为大家展示如何通过不同的方法让照片作出多种变化。

光圈值。将光圈调小，比如，从 f/2 调整到 f/16，会使景深变深。随着光圈的逐渐变小，照片中会有更多的场景变清晰。

焦距。在任何给定的光圈下，用短焦镜头拍摄，会使成像中的景深变深。比如，同样用 f/8 的光圈，用 50mm 镜头拍摄就会比用 200mm 镜头拍摄获得更深的景深。

镜头到拍摄对象之间的距离。远离拍摄对象，最能够使景深变深，尤其是在从非常靠近拍摄对象处开始往后退时。

摄影师：Marc PoKempner，《芝加哥的传教士Rev.lke》，摄于1975年

浅景深能够使你迅速将注意力集中到某一个区域，人类趋向于在第一时间观察照片中最清晰的地方。传教士说，上帝是慷慨的，他会给你所要的一切，比如，镶钻手表、戒指和袖扣等，拍摄时的焦点也正好位于此。

大光圈  **小光圈**

对于给定的镜头来说，光圈越小，成像的景深越深。站在远处用小光圈拍摄时，会增加图像的景深，从而使照片整体看上去更加清晰。使用小光圈拍摄，相机的进光量会减少，因此会用较慢的快门速度来保持曝光在总体上相同。

长焦镜头  **短焦镜头**

镜头的焦距越短，成像的景深越深。拍摄右侧这两张照片时，拍摄地点和光圈都是一样的。请注意用短焦镜头拍摄时，不仅景深变深了，整个照片的视角也改变了，并且场景中的物体还发生了变形。

靠近  **远离**

对于任何给定的焦距和镜头来说，拍摄者离拍摄对象越远，成像的景深越深。拍摄右侧第二张照片时，摄影师往后退了几步。如果对足够远处的物体对焦，成像中从焦平面到无限远处的所有物体都会被清晰呈现。

小尺寸感光元件 = 深景深

配有小尺寸感光元件的数码相机会带给你意想不到的景深效果。镜头的焦距越短（光圈、镜头离拍摄对象的距离不变），成像的景深越深。此外，相机的感光元件还会对标准镜头、短焦镜头和长焦镜头的成像产生影响。

标准镜头的焦距大致和相机感光元件表面的对角线长度一致（详见第 36 页）。全画幅相机或 35mm 胶片机感光元件的尺寸为 24mm×36mm，因此对于它们来说，与之匹配的普通镜头的焦距就为 50mm。

与全画幅相机感光元件的尺寸相比，绝大多数相机的感光元件要小一些，在很多情况下，甚至是非常

小。对于这些相机来说，与之匹配的普通镜头的焦距就要小于全画幅相机普通镜头焦距的 50mm 了，从而会在成像中带来更深的景深。比如，第 16 页中顶端的便携式相机，其感光元件的尺寸为 7.4mm×5.55mm。对于它来说，与之匹配的普通镜头的焦距为 9mm。在其他条件都相同的情况下，用 9mm 镜头拍摄会比用 50mm 镜头拍摄带来更深的景深。

小尺寸的感光元件采用了比较模糊的命名系统，主要是针对 20 世纪 50 年代的电视摄像机的。图中列出了一些感光元件的对角线长度，因此，与之匹配的普通镜头的焦距也就一目了然了。

传感器尺寸	对角线
1/2″	8.0mm
1/1.8″	8.9mm
2/3″	11.0mm
4/3″	22.5mm
1.8″ (APS-C)	28.4mm

景深
景深预览

当拍摄一个场景时，你可能经常会想知道景深的范围有多大，即场景中从前到后都能清晰成像的范围。你有可能要去确定到底有哪些对象是清晰的，或者也有可能你希望某些对象失焦，比如杂乱的背景等。为了控制清晰成像的范围，需要通过一些手段来测量景深。

检查景深。 用单反相机来拍摄，你是通过镜头来观察拍摄场景的。不论选择多大的光圈值，一般情况下镜头都会打开，尽可能方便拍摄者通过取景器看到明亮的图像。然而，大光圈意味着此时你所看到的场景的景深是最浅的。当按下快门释放按钮时，镜头会自动将光圈缩小为设定值。除非在拍摄时使用最大光圈，否则最终拍到的照片始终会和当初在取景器中看到的影像存在景深上的差异。一些单反相机配有景深预览装置，因此如果你愿意，你可以在拍摄前就将光圈缩小为拍摄时的设定值，然后再来观察拍摄场景，提前看看最终拍摄的照片中到底会有哪些是清晰的。

不幸的是，如果将镜头的光圈设置得非常小，那么从取景器中看到的画面将会很暗，从而导致根本看不清楚拍摄对象。如果是这样，或者相机没有景深预览功能，你可以从镜筒上的刻度读出景深范围（如右下图所示）。许多较新的自动对焦镜头并没有这样的刻度，因此有些厂商会提供景深表，列出不同镜头在多种对焦距离和光圈值下成像的景深。

对于仍然通过镜头来成像的大画幅相机来说，当镜头的光圈缩小到拍摄时的设定值时，在相机背后的毛玻璃上可以预览景深。对于测距式相机和取景式相机来说，可以通过机身上的小窗口来观察拍摄场景，只不过看到的所有物体看上去都是一样清晰的。此时，可以通过镜筒上的刻度或景深表，来测算取景式相机的景深。便携式数码相机LCD显示屏上显示的画面很小，通过它很难精确地判断景深。

利用区域对焦拍摄动作。 当你希望预先调整好镜头拍摄动作时，提前知道景深将会对拍摄非常有帮助。区域对焦通过镜筒上的景深刻度预设对焦区域和光圈，以便在景深范围内更好地拍摄动作。

摄影师：Lou Jones，《冬奥会的大回转项目运动员》，摄于日本，1998年

如果你事先大致知道动作将要发生的地点，那么你就可以通过区域对焦的方式，预先做好对焦准备，然后拍摄动作。假设你在一个滑雪斜坡上，准备拍摄从山上下来的滑雪者。你能够拍摄的最近处距滑雪者大约4.5米，最远处距滑雪者大约9米。

景深

距离刻度 在指针的对面排成一列，显示相机与最清晰对焦物体之间的距离。

景深刻度 在指针的对面排成一列，显示在不同光圈下能够清晰成像的范围。

光圈环 上的刻度在指针的对面排成一列，显示所设置的光圈值。

根据镜头上的指针在光圈环上所指的光圈值，在景深刻度上找到两个相同的刻度值，然后分别对应到距离刻度上相应的刻度，就会得知在此光圈值下的景深范围和区域对焦范围了。比如镜筒指针指向的光圈值为f/16，先在景深刻度上找到两个标识为16的刻度，然后分别对应到距离刻度上的两个刻度，这里分别为15和30。这就表示，如果拍摄时将光圈设置为f/16，那么所有在15英尺～30英尺（4.5米～9米）范围内的物体都将会在景深范围之内，并被清晰对焦。此时，拍摄对象在哪并不重要，只要保证它在上述范围内就行。

摄影师：Ansel Adams，《Mt.Williamson Manzanar，Canifornia》，摄于1944年

小光圈会产生深景深。这张照片中的所有物体都是清晰的。摄影师 Ansel 通常会使用一部大画幅相机，它可以提供除对焦以外更多的控制。Ansel 非常喜欢这种相机的大胶片，它拍出的照片在冲印后会更加清晰。

利用大画幅相机拍摄时，往往需要用到三脚架。即使你使用的是一部小相机，当用较小的光圈拍摄，快门速度不得不设置得较慢时，利用三脚架能有效避免因相机抖动而产生的成像模糊。

当镜头对焦在无限远（镜筒的距离刻度上用 ∞ 来表示）处时，一定范围内的所有物体都将会清晰对焦。比如，用 f/22 的光圈拍摄，在距镜头 50 英尺（16 米）到无限远处（眼睛所能看到的最远处）的范围内，所有物体都能清晰对焦。

还可以使景深变得更深，不需要对焦在无限远处，只需将对焦环上的无限远标识（∞）转到正对景深刻度上的 22 处，同时表示目前的光圈值设置为 f/22。此时对焦距离（50 英尺，16 米）非常接近于无限远（技术上称为超焦距）。现在，从 23 英尺（7 米）到远处的背景，都在景深范围内，其中的所有物体都将在照片中清晰呈现。

为最深的景深对焦。当拍摄场景中，从近处到远处都包含非常重要的物体，就需要用最深的景深来表现画面。上面提到的，就是一种使场景中尽可能多的物体在照片中清晰呈现的方法。不过，你需要一个有景深刻度的镜头。如果使用景深表，它将会把超焦距单独列出来。

透视
照片的空间深度

透视。除了鱼眼镜头以外，很少有镜头能够产生明显的变形效果。一张照片的透视是指拍摄对象看上去的大小、外形，以及照片的空间深度，即如果你站在相机的位置，你想看到的画面。为什么一些照片看上去有夸张的深度，其中的拍摄对象明显拉伸和变形，如右上图所示；而另一些照片则看上去仿佛空间被明显压缩，其中的拍摄对象看上去被挤在了一块，如右下图所示。人脑判断一张照片的深度主要通过前景和背景中的物体来实现，它们之间大小差异越明显，照片的深度就越深。人类在观察实际场景时，人脑还有其他手段来判断距离。但是，在观察照片时，人脑主要靠物体间的相对大小来判断距离。

透视在照片中是可以控制的。任何镜头靠近前景拍摄时，都会增加照片的深度，这主要是通过增大前景中和背景中物体间的大小差距来实现的。相反，如果拍摄时相机的位置不变，那么改变镜头的焦距是无法改变透视的。但是，如果镜头到拍摄对象之间的距离改变了，透视随即也会改变。

如果同时改变镜头焦距和镜头到拍摄对象之间的距离，**透视会被明显夸大**。用短焦镜头靠近物体拍摄时，照片中物体会明显变大，因为此时镜头离前景中的物体比离背景中的物体要近得多。这就增加了照片的深度。扩大的距离、物体的大小和外形可能会产生明显的变形。

相反的情况出现在用长焦镜头远离拍摄对象拍摄时。此时，照片中物体之间的大小差异明显缩小，这是因为镜头离所有物体都相对较远。这会明显减少照片的深度，并且有时看上去照片中的物体被压缩到了一起。

摄影师：Walter looss，《拳王阿里 vs. 特雷尔》，摄于1967年

拉伸透视看上去来自于超广角镜头。但是在如此靠近拍摄对象的状况下，无论使用什么镜头拍摄，都会产生这种拉伸效果。因为相对于远离镜头的物体来说，近处的物体会被明显放大。

摄影师：Walter looss《100米起跑线，洛杉矶》，摄于1983年

压缩透视往往来自于长焦镜头。这主要是因为镜头离背景和前景都比较远，从而导致前景和背景中物体之间的大小差别和照片深度明显减小。

在不改变透视（物体的大小、外形和位置）的前提下改变镜头焦距。如上三张照片所示，拍摄时相机的位置没有改变，但是镜头的焦距却逐渐增加了。结果是，照片中所有的物体都被放大了。请注意照片背景中的人造喷泉和窗户的大小，都以相同的倍率放大了。照片的深度也是一样的。

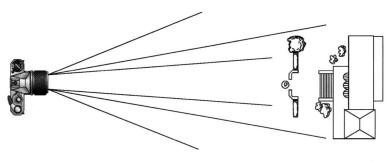

Alan Oransky

镜头到拍摄对象之间的距离控制透视。在拍摄场景中，当镜头和拍摄对象之间的距离改变时，透视也会随之改变。如三张照片所示，注意三张照片中窗户的大小几乎没有变化，但与此同时人造喷泉的大小逐渐变大。照片的深度看上去增加了，这主要是因为相机离拍摄对象的距离逐渐缩小了。

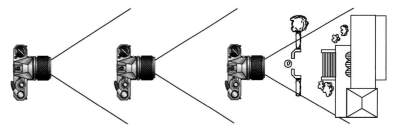

镜头附件
近距拍摄组件

近距拍摄组件。这里介绍两种用于拍摄特写的镜头附件，如果你没有微距镜头，那么可以使用它们来拍摄看起来比实物更大的画面。所有的这类装备都是为了完成一件事，让你非常靠近某一个拍摄对象。

相机离拍摄对象越近，感光元件中所呈现的画面就越大。当相机感光元件表面中物体显示的大小与物体真实大小之间的比值为 1:10 至 1:1 时，拍摄出的照片就被称为特写。微距摄影中，这个比值往往达到 1:1 至 10:1。显微摄影主要通过显微镜来拍摄，通常成像的放大倍率还要超过10:1。

特写中的景深很浅。在非常近的对焦距离下，即使使用最小的光圈，场景中也可能只有 1 英寸（约 2.54 厘米）或更短的距离能够清晰显示。镜头离拍摄对象越近，照片的景深越浅（更多的背景和前景失焦）。此时，精确对焦非常重要，否则拍摄对象将会完全失焦。轻轻地将相机前后移动，可以帮助你获得精确的对焦。无论处于多远的拍摄距离，更小的光圈能够增加景深，但同时也会增加曝光时间。因此有可能会需要用到三脚架，如果是在室外拍摄，要确保你的拍摄对象在曝光时不要被风吹动。

微距镜头是拍摄特写的最好选择。如果没有，这里还有一些其他的方法可以让你更接近于拍摄对象。

在机身前安装**近摄镜**。它们有不同的型号（用不同的屈光度来区别），屈光度的数值越高，镜头的对焦距离越近。相对而言，近摄镜的价格没有那么高，并且体积小巧，但是成像质量没有用其他的方法好。

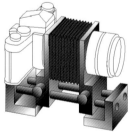

皮腔（有点类似于伸缩管）安装在机身和镜头之间，用来增加镜头和相机感光元件（或胶片）之间的距离。距离越大，相机的对焦距离就越近。皮腔的长短距离可调，因此适用的范围很广。至于如何使用，请看接下来的介绍。

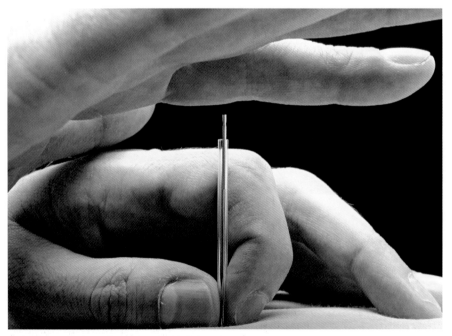

摄影师：Stanley Rowin，《针灸》，摄于1995年

用微距镜头拍下了针灸技师的手。照片的背景被刻意表现为毫无吸引力的黑色，以避免喧宾夺主。

摄影师：Martin Parr，《Budapest》，摄于1997年

在一张特写照片中，图像在相机感光元件表面的大小是其真实大小的 1/10，甚至更大。在一张 8 英寸 ×10 英寸的照片，人物的手指甚至比真实大小还要大一些。标准相机不允许拍摄者足够接近拍摄对象，以拍出这么大的画面，因此你将会需要一支微距镜头或其他的近摄装备。拍摄时，摄影师 Parr 将闪光灯安装在离镜头很近的位置，以避免相机的影子落在拍摄对象上。

拍摄特写往往需要增加曝光。拍摄特写的方法有很多，用微距镜头、皮腔都可以，原理都是增加镜头和相机感光元件（或胶片）之间的距离，来获得更近的对焦距离。但是，镜头离拍摄对象越近，进入相机感光元件的光线就越少，从而需要增加的曝光就越多，这样才能避免曝光不足。

相机通过镜头测光后，将会自动增加曝光。但如果拍摄特写的装备破坏了镜头和相机间的自动装置，或者如果使用的是手持式测光表，你就必须手动增加曝光，此时最好遵循皮腔厂家的建议。

无论何时都请尽量使用三脚架。因为特写照片中的景深有限，所以你经常会希望用更小的光圈来拍摄。这会导致曝光时间比正常还要长，因此拍摄时任何抖动都会导致成像模糊。用三脚架搭配使用快门线、无线引闪器或自拍模式，能有效避免相机在曝光时产生抖动。

使拍摄对象从背景中突显出来。因为特写通常拍摄很小的物体或物体的一部分，而不是整个场景，所以用一些手段和方法使拍摄对象从背景中突显出来就显得尤为重要。通过不同的角度用相机来观察拍摄对象，你将会发现，在有些角度，拍摄对象和背景相互融合、难以分辨，而在另一些角度，拍摄对象则能从背景中脱颖而出。浅景深将会对拍摄非常有帮助，可以使一个清晰的拍摄对象从模糊失焦的背景中跃然纸上，就像第 46 页中的照片那样。光线色调与黑暗的对比，一种颜色和其他颜色的对比，粗糙或阴暗的表面与光滑或明亮的表面对比，都会使特写中的拍摄对象更加突显。

光线特写。无论是在室内还是户外拍摄，直射在拍摄对象上的光线可以让你使用更小的光圈，来获得更深的景深。如果你希望呈现纹理，让侧光从拍摄对象的一侧穿过，将会衬托出每一个突起、低洼和褶皱。直射光会带来明亮的高光和黑暗的阴影，造成非常强烈的明暗对比。如果是这种情况，适当补光可以照亮阴影部分（详见第140页～第141页中的介绍）。拍摄特写时，拍摄对象往往很小，因此用一张白纸充当反光板就可以照亮阴影。

翻拍平面物体，比如一本书中的某一页，甚至还需要专门打光。用两个强度一样的光源，使其分别位于拍摄对象的两侧，距离和角度都保持一致，以保持一致的打光效果。

镜头附件
偏振镜和其他效果的滤镜

对于相机来说，滤镜是一种非常有用的配件。玻璃滤镜安装在镜头前，并且根据镜头直径的不同，还有各种不同的尺寸型号。你知道你的镜头直径是多少吗？可以在镜头的前端找到，那里一般标有镜头的直径，一般以 mm 表示，前面有标记 φ。

明胶滤光片的面积大约有 2 平方英寸，可以根据具体需要裁切为不同的大小。它可以被加装在镜头前，或插入镜头前的滤光片架中。相比玻璃滤镜，明胶滤光片的价格更便宜，但是也更容易损坏。

使用滤镜时，必须要增加曝光。滤镜会减少进入相机镜头的光量，为了避免曝光不足，必须增加曝光。在使用手持式测光表拍摄时，滤镜的生产厂商一般会建议用户适当增加曝光，增量以挡来表示。还有一些厂商会提供一个关于滤镜的系数，告诉用户拍摄时应使曝光扩大几倍。比如，这个系数为 4，则表示应使曝光扩大 4 倍，即增加 2 挡曝光。

通过入射式测光表来增加曝光。如果你的相机内置的是入射式测光表，并且拍摄时镜头前装有滤镜，那么你有可能获取不到正确的曝光。如果打算使用滤镜，那么在正式拍摄前最好能试拍一下，看看具体的拍摄效果。如果需要的话，还可以通过直方图（详见第 62 页～第 63 页）来手动调整相机设置。

偏振镜可消除反光。如果你曾经试着透过商店的橱窗来拍摄，你可能会发现，拍到的都是玻璃中反射出的街道画面，而不是你要拍的橱窗内的精美商品，这是光线反射造成的影响。消除这种反射的方法有很多，使用偏振镜就是其中的一种，如下页的图例所示。偏振镜可以消除或减少来自玻璃、水面和其他光滑表面的反射光。

使用偏振镜拍摄风景，可以得到更锐利、更干净的照片。反射自水汽或大气尘埃的光线，会使拍摄的风景照看上去雾蒙蒙的。偏振镜可以减少这些反射光，让你看到更远处的细节。偏振镜还可以减弱拍摄时不需要的颜色，比如，反射自天空的蓝色光线，从而会使照片的颜色看上去更纯净、更丰富。此外，使用偏振镜拍摄，会使天空变暗，如下图所示。

使用偏振镜拍摄的最佳位置

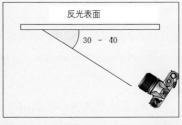

偏振镜可以消除来自玻璃等表面的反射光（如下页图像所示）。拍摄时，偏振镜最好与反射表面呈30°～40°角。

拍摄风景时使用偏振镜，会使远处的物体更加清晰，并会使天空变暗，当镜头所对方向与太阳的位置呈90°角时，偏振镜的作用最明显。

拍摄时没有使用偏振镜

拍摄时使用了偏振镜

图中的标本拍摄于博物馆的玻璃橱窗内。第一张中可以看出有明显的反光痕迹。拍摄第二张时使用了偏振镜，可以看出照片中去除了绝大多数反光，因此该图中的标本看上去更清晰。上页中第一张图显示的是为了消除反光而使用偏振镜进行拍摄的最佳位置。

偏振镜在特定角度下可以发挥最好的效果，它安装在镜头前，并且可以旋转，以增加或减轻使用效果。拍摄时改变镜头与拍摄对象之间的角度，也可以对偏振镜的作用产生影响。拍摄时，可以通过相机的取景器看到偏振镜发挥作用时的效果，同时还可以通过调整拍摄位置和转动镜头前的偏振镜，来得到想要的效果。

中灰密度镜的作用是减弱光线，这种滤光镜作用是非选择性的，也就是说，它对各种不同波长光线的减少能力是同等的、均匀的。使用中灰密度镜，可以用比平时更慢的快门速度和更大的光圈进行拍摄。比如，如果拍摄时你有意想模糊某个动作，但是却不能用较慢的快门速度，因为可能光圈已经调到最小，并且ISO已经设置为最低了。此时，利用中灰密度镜可以减弱进入相机镜头的光线，从而让你用更低的快门速度来拍摄。同理，如果想使景深变浅，但快门速度已经设置为最快，并且ISO已经设置为最低，此时利用中灰密度镜可以让你使用更大一点的光圈。

除了上面提到的两种滤镜以外，还有许多其他的镜头附件可以用于调整、优化图像。柔光镜可以使图像的细节产生轻微的模糊，从而使整张照片产生一种朦胧感，有点类似电影屏幕的感觉。星光镜在点光源的作用下，可以使拍摄场景中的光亮点产生衍射，从而使照片上的每个光源点（比如灯泡、反射源和太阳等）都放射出特定线束的光芒，以达到光芒四射的效果。还有一些其他的镜头附件可以产生更为复杂的效果，为照片起到装饰作用，或者产生一些其他的特殊效果。绝大多数通过滤镜能得到的特殊效果在图像的后期处理中也能实现（详见第5章）。

摄影师：Paul D'Amato，《isela，Chicago》，摄于1993年

第3章 光线和曝光

数码相机的感光元件实际上是一种光线传感器，有点类似于胶片，当感光元件暴露在光线下时，它会发生变化，从而能够记录影像。我们通常说的光线实际上是电磁能量中可见的一部分，它存在于连续的无线电波（包括可见光和宇宙射线）中。这些能量的形式因光线波长（两个相邻波峰之间的距离）的不同而不同。光谱中的可见光部分，就是我们通常能够看见的光线，其波长范围为400nm～700nm。

正确曝光（即对于给定的拍摄场景和ISO，设置相应的快门速度和光圈值，让正确的光量进入相机）也会产生很大的差异，一张包含丰富色调的照片意味着，黑暗处阴影细节清晰，明亮处不会过曝，整个画面不至于过暗，也不会过亮。

最初级的水平就是你可以让你的全自动相机自动设置快门速度和光圈值。如果相机支持手动设置功能，你可以通过手持式或相机内置的测光表来对整个拍摄场景测光，从而计算出相应的快门速度和光圈值。你甚至可以用简单的曝光表来设置曝光。在很多情况下，这些标准的程序并不能在所有的拍摄场合中奏效。如果光源在拍摄对象之后，此时如果对整个拍摄场景测光，则会在明亮的背景中形成拍摄对象的剪影。这可能并不是你想要的结果。

如果你能读懂相机或测光表提供的信息，并且能够根据这些信息实时调整曝光，那你就可以对照片拥有更多的控制，并且会很乐意见到这样的结果。掌握了这些基本的技能以后，面对一些特殊的拍摄场景，你将不会再随意乱按快门，并

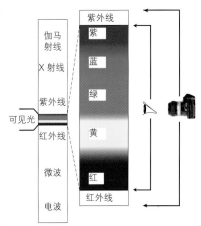

光线是能量。当一定波长的能量到达人的眼睛，人类就会将其感知为光线。当电磁能量光谱的这个部分到达的时候，数码感光元件和胶片会产生变化。一些人眼看不到的光线也会对其产生作用，比如，紫外线和红外线。

将获得不错的曝光寄希望于自己的运气，取而代之的是你会自己选择想要的结果。

摄影师：Minor White，《公墓旁的工具棚》，摄于1955年

对于肉眼来说，红外线是看不见的，但是数码感光元件和一些特殊的胶片能够记录下它们。在一张红外照片中，树叶和草地显得格外明亮，因为相比没有生命的物体，它们能够反射更多的红外线。最终的拍摄结果就是一幅不可思议的梦幻般的风景照。摄影师White说，他使用胶片是因为"想要给风景照带来对比"，同时他还非常欣赏这种超现实的品质。更多内容请详见第85页。

感光元件和像素

相机镜头捕捉到的影像会呈现在数码感光元件上，感光元件是由光电二极管组成的阵列。每一个光电二极管都是一个单独的电子设备，一般称之为 CMOS 或 CCD，它们可以捕捉光线。在曝光时，每一个光电二极管都会测量落在其上的光量。曝光结束后，感光元件上所有光电二极管的测量结果都会储存在相机的存储卡中，然后感光元件清空，并准备下一次拍摄。每一个光电二极管的测量结果被转化为像素的明暗信号（有时被称为值）。有时光电二极管本身也被称为像素。

一张数码照片由大量的像素组成，所有的像素都整齐排列，并且每一个像素都有一个单独的值和颜色。如果有足够多的像素，并且每一个像素都足够小，那么人眼看上去就会认为它们是连在一起的，就像一幅具有连续色调的图画。如果像素足够大，并且看上去像是方形的，那么图像看上就会比较粗糙，如下页三幅图所示。

在拍摄每一张照片时， 你都必须调整抵达感光元件的光量，以便得到正确的曝光。太多的光线会超出像素的承受范围，使测量结果产生差错，太少的光线会使成像中产生随机的、色彩各异的点，我们称之为噪点（详见第 77 页）。因此，在拍摄前你需要做出决定，确定每一个场景所需要的正确曝光。下面的内容还教将你如何使用相机内置的测光表和独立的手持式测光表，为每一次正确曝光设置相应的光圈值和快门速度。

曝光决定照片的亮度或暗度。 你所选择的曝光（光圈值和快门速度的组合）决定了拍摄场景中将有多少光线抵达相机的感光元件，并随之确定最终所拍照片的明度或暗度。对于给定的拍摄场景来说，正确的曝光取决于你希望照片给人一种什么样的感觉，大致会有一个曝光的范围，在这个范围内曝光，基本都会得到令人满意的结果。但是，如果相对正确曝光差异太大，那么最终的成像效果将会令人大失所望（下页三幅图所示）。接下来的内容还会教大家如何调整曝光，以得到想要的成像效果。

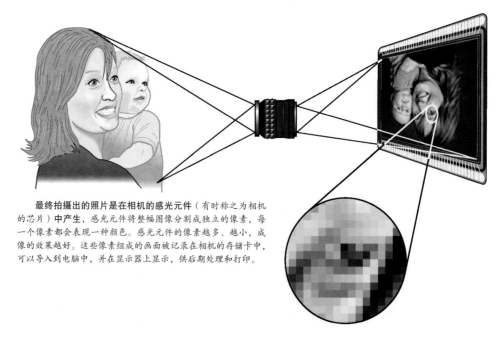

最终拍摄出的照片是在相机的感光元件（有时称之为相机的芯片）中产生，感光元件将整幅图像分割成独立的像素，每一个像素都会表现一种颜色。感光元件的像素越多、越小，成像的效果越好。这些像素组成的画面被记录在相机的存储卡中，可以导入到电脑中，并在显示器上显示，供后期处理和打印。

对于同样大小的照片来说，分辨率越高（感光元件单位面积内的像素越多），画面的细节就越好，但同时所需的像素也就越多。图中显示的小图放大后的细节，可以看出需要更多的像素才能获得更好的成像效果。图像中每英寸有18个像素，这么大的图像中一共有50×50个，即2500个像素。

每英寸中有18个像素

更好的成像效果需要更多的像素。每一个像素都会表现一种颜色，在黑白照片中则表现为灰度。在每一张照片中，像素的大小都是一致的，它们只是用来表现颜色和灰度。如左侧三幅图所示，如果像素大到用肉眼都可以看见，那么这张照片看上去就会显得很粗糙。当像素过少时，往往就会产生这个结果。

分辨率可以用来衡量一张照片的质量，但是随着图像尺寸的增加，分辨率反而会下降。大量细小的像素可以表现出更多的画面细节和平滑的色调变化。更多的细节才可能(但不是一定能)带来更高的画面质量。

分辨率提高1倍，则需要4倍数量的像素。这张图像中一共有100×100个，即10000个像素。许多像素都是相同的纯白色，但仍然需要保存为文件的一部分。

每英寸中有36个像素

通常用每英寸中包含的像素个数（ppi）或每厘米中包含的像素个数来衡量分辨率。如果将固定数量的像素放在更大的区域内，画面就会显得粗糙，并且看上去画质很差。假设相机以2000ppi的分辨率拍摄了一张图像，如果要将其打印为10英寸宽的照片，打印分辨率将为200ppi；如果要将照片放大到20英寸宽，那么打印分辨率将只有100ppi。

在后期处理中，可以获得更多的像素。可以用图像处理软件将2000ppi分辨率的图像转换成4000ppi分辨率的图像。这个过程叫做重采样（这里叫做增采样；相反的，减少像素则称为减采样），可以用这种方法使图像获得更高的分辨率。但是这样做，图像处理软件必须在原始像素之间进行插值运算，猜测相邻的像素之间应该是什么样。经增采样处理后的文件不会显得很粗糙，不会像左侧第一张图显示的那么大的像素，会显示平滑的色调过度和协调的颜色。当需要打印大幅面的照片时，你会发现增采样非常有用。但是图像处理软件并不会凭空创造出很好的细节，比如，夹克上的纹理或符号中很小的文字等。如果后期需要将这样的画面冲洗出很大的照片，用图像处理软件进行增采样可能就不行了，你只有以更高的分辨率来拍摄才行。

这张图像的分辨率是本书中所能表现的最高分辨率。图像中共有1000×1000个，即100万个像素。

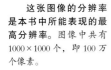

每英寸中有360个像素

摄影中的色彩

所有的颜色都可以通过3种原色混合而成，这3种颜色可以是色加三原色（红、绿、蓝），也可以是色减三原色（青、洋红、黄）。自然界中的绝大多数颜色都是由三原色按照一定的比例混合而成的。

加色法（如右上图所示）是将红、绿、蓝3种颜色按照各种不同的比例混合，从而形成其他的颜色。电视机和电脑的显示器使用色加三原色。等量的红、绿、蓝3种颜色混合后会成为中灰色，如果亮度足够，就会变成白色。

减色法（如右中图所示）则用青、洋红和黄3种颜色混合成其他的各种颜色。色减三原色中的3种颜色由色加三原色中去除任意一种颜色后得来。比如，将青色的颜料涂在纸上，它会吸收照射在其上的白色光线中的红色，仅反射绿色和蓝色的光线。人的眼睛就会看到绿色的光和蓝色的光混合后的颜色，即青色。

数码颜色中将完整的颜色分成三原色，并将其信息分别保存在3个通道中。每一个像素都会用一个独立的数值来表示每一种原色的数量。相同的道理，彩色胶片使用3种感光乳剂的涂层，每一种涂层仅对一种颜色感光，将完整的颜色拆分成原色。处理数码颜色时，可以选择两种颜色模式，一种是RGB，另一种是CMYK。RGB（红、绿、蓝）是色加三原色，绝大多数摄影工作都用它。CMYK常用于商业出版和印刷，它在色减三原色的基础上加上了黑色（K取的是英文"Black"的最后一个字母，之所以不取首字母，是为了避免与蓝色Blue混淆）。理论上，色减三原色混合在一起可以得到黑色，但是现代印刷行业的制造工艺还不能造出高纯度的油墨，因此

目前CMY相加的结果实际是一种暗红色，所以印刷时还需要加入黑色，好在当前黑色油墨的价格不贵。

所有的打印机都使用色减三原色。打印设备将不同的颜料混合后在纸上打印出其他的颜色，打印时必须使用色减三原色，即青、洋红和黄色。即使所有的桌面打印机都使用CMYK颜料，但它们在设计时都是用来接收RGB文件的，在工业打印领域主要是用CMYK模式来编辑文件。

当拍摄彩色照片时，光源会使照片产生差异。我们平时看到的光线多种多样，比如，白色，表示它自己没有颜色。虽然我们说日光是白色的或中性色的，但是在一天中它也是时刻变化的。正午的阳光更偏蓝一些（冷一些），清晨或傍晚的阳光显得更红（暖一些）。其他的光源，比如，灯泡也会发出具有明确色彩平衡的白色光线，其中包含了各种不同波长、不同颜色的光线。白色光源的质量也被称为色温，用开氏温标（K）来表示。

普通灯泡发出的光线的色温大约为2800K，相比色温为5000K的日光，这种光线中蓝色要少一些，红色和黄色要多一些。如果在阳光房中打开一盏室内灯，你就会发现日光和灯泡发出的光线之间的明显区别，灯泡发出的光线在颜色上要明显更黄一些（如右下图所示）。在夜晚，没有日光的对比，此时你会发现灯泡发出的光线没有那么黄了，反而更像是白色。这是因为当我们观察一个场景时，大脑会忽略色彩平衡，当周围只有一种光线时，会将日光和灯泡发出的光线都当成是白色的。如果在同一个场景中同时有两种不同色温的光源（如右下图所示），可以对数码照片进行调整，使其色温符合每一个光源。

色环显示出色加三原色和色减三原色之间的相互关系。

当所有**色加三原色**混合时，会产生白色。同时混合其中任意两种颜色，可以产生一种减色法原色。

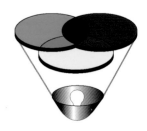

色减三原色实际是由色加三原色中去除任意一种后得来的。色减三原色混合后产生黑色。

白平衡

数码相机可以根据色温（在数码摄影领域，也称为白平衡）进行一些调整。每一部数码相机都可以测量拍摄场景中光线的色温，并根据测量结果在每次拍摄时调整白平衡设置。拍摄时，可以根据场景中光线的种类选择相机中预设的白平衡设置，在每次按下快门前，测量并设置白平衡。此外，也可以让相机自动调整白平衡。

为了获得最好的成像效果，在拍摄时最好采用RAW格式（详见第81页）保存文件，该格式可以完整保存曝光时的所有数据，在后期处理中给编辑者更大的余地。白平衡调整是后期处理中不可或缺的一个环节，对 RAW 格式的文件进行调整，不会损失图像的画质。如果拍摄时将照片保存为 JPEG 或 TIFF 格式，相机在保存文件的过程中会自动调整白平衡。

摄影师：Lucinda Devlin，《Furstenbad, Palais Thermal, Bad Wildbad》，摄于1999年

在同一张照片中，相比日光，来自灯泡的光线显得很温暖。日光从房间的顶部射入，穿过门道抵达图片的中央。通过对比发现，整个空间被三个白炽灯发出的黄色光线照亮。

使用直方图

直方图能够显示一张图像中所有像素的明度数值。一般情况下，一张图像中每一个色调的明度级别从黑到白被划分为 256 个档次。直方图中某个区域的高度代表图像中任意位置一个特定明度级别的像素数量。大多数情况下，所有的颜色都会汇总在一张直方图中显示，黑色用 0 表示，中灰用 128 表示，白色用 255 表示。

对于绝大多数拍摄场景，色调丰富的照片通常拥有 256 种色调中的大部分，从具有轻微高光的白色云彩到古老谷仓的一侧的深色阴影。如果直方图中的任意一端显示为空白，则通常表示这张照片没有明亮的高光区，或没有黑暗的阴影。这有可能是由于扫描时不小心，或拍摄时就没有拍好造成的。如果直方图的两端都是空白，则表明照片的对比度不高。

在后期处理、扫描和用相机拍摄时， 直方图能够指导你对图像进行实时调整。任何一张图像的直方图都可以提示你对亮度、对比度和颜色进行调整。可以根据软件中显示的直方图（比如，请参考第 96 页～第 97 页中的曲线图），对图像的色调进行重新调整。

摄影师：Christine Chin，《印第安风情》，摄于美国科罗拉多州，2004 年

彩色照片中的每一个通道都有一个直方图，还有一个合成后的直方图。在这张照片的 R、G、B 直方图中，高调区域中蓝色较多，主要来自于蓝天；中调区域中绿色较多，主要来自植物的叶子；暗调区域中红色较多，主要来自于花朵。在这三张直方图的最右侧的高调区域都有几乎相同的突起部分，这主要来自于中性色的白雪。

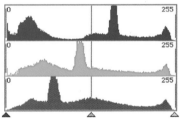

直方图：数码图像的平面图。单独（或合成）的直方图能够显示一个数码图像中所有像素的明度值。每一个区域的高度表示整张图像具有相同明度值的所有像素的总数。

该图显示的是 3 个通道合成后的直方图。两种色加原色重叠后形成一种色减原色（详见第 60 页）。数码相机中通常会显示单独合成的直方图。

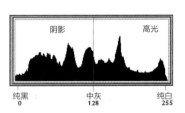

可以对数码相机进行相应设置，使其在曝光后立即显示直方图。用来提示你照片是否曝光不足或曝光过度，以便于立刻对曝光进行调整。如果条件允许，你可以进行试拍，并对图像的直方图进行预览，进而对曝光设置进行纠正。在正式拍摄前，可以将试拍的照片从存储卡中删除。

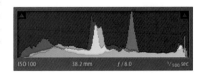

相机 LCD 显示屏中显示的直方图可以用来代替测光表的读数。和测光表（也被称为曝光表，详见第 64 页）一样，直方图也会提供非常精确的曝光信息，包括每一种原色独立平面图中显示的数值，但是它只能在拍摄完成后才能显示出来。下面的例子对如何通过直方图调整下一步曝光进行了示范。

通常情况下，数码摄影一般会尽可能多地捕捉重要的高光部分，这样拍摄出的照片的直方图中最右侧应该有"小山峰"。如果直方图中有空白区域，那么应该位于最左侧。因为相机的感光元件是线性的，而人眼不是，所以相机会捕捉更亮的色调，以抓到更多的细节，这样可以在后期处理环节中有更多的余地。

有许多情况，特别是在拍摄快速移动的物体时，必须使用测光表，它和直方图一样，会对拍摄有很大帮助。本章中将会有专门的章节介绍如何使用测光表。如果有足够的时间和光线可供你进行充分的试拍，那么相比测光表，直方图可以让你学到更多，并拍出完美的照片。

摄影师：Bohnchang Koo，《Chae Shirah》，摄于2004年

在很多情况下，直方图要比测光表更好。当拍摄场景中的光线可控或连续，并且你有充足的时间进行试拍时，直方图将会成为你获得正确曝光的最精确的向导。摄影师 Koo 为一本杂志拍摄一位韩国的电影明星，拍摄时使用的是一部数码单反相机，拍摄场景中的光线是由户外花园中间接射入的。拍摄时，对焦在人物的眼睛处，以显示不为观众所知的人物性格的另一面。

曝光不足。显示像素集中分布在直方图的左侧，右侧几乎没有像素，表明暗部的许多细节丢失了。

曝光过度。像素基本聚集在直方图的右侧，表明亮部的许多细节丢失了。

正确曝光的直方图应该是这样的。表明从暗部（最左侧）到亮部（最右侧）的所有色调都被记录下来。

测光表
测光表的种类及应用

虽然测光表的种类有很多，但是它们的基本功能都是一样的。它们会根据拍摄场景中的亮部和暗部进行平均计算，测量出场景中的光量，然后根据所设置的 ISO，计算出正确曝光需要的快门速度和光圈值的组合。

相机内置的测光表能够测量反射光。测光表的传感器实际是一个光电芯片。当测光系统开始工作，并且相机的镜头对准拍摄对象时，测光表的传感器就会测量从拍摄对象反射过来的光线。对于全自动曝光系统来说，你只需设置光圈值或快门速度，相机会自动根据给定的光量，调整另一个参数。还有一些相机会同时为你设置好光圈值和快门速度。对于手动曝光系统来说，你需要根据测光表的读数，自行设置光圈值和快门速度。

手持式测光表可以测量反射光或入射光。当手持式测光表（不是相机内置的测光表）暴露在光线下，其指针会在相应的刻度上移动，或者直接以数字的形式显示。光线越亮，测光表的读数越高。测光表然后根据读出的结果，计算并显示所需要的光圈值和快门速度的组合。

测光表被设计用于测量中灰色调。反射式测光表只测量光量，并通过平均化拍摄场景所有的光线来得出相对平衡的中灰色调，然后根据这一色调计算出一个相对正确的曝光值。绝大多数拍摄场景中都包含各种色调，包括非常暗的、中等的和非常亮的，测光表会平均化所有的颜色值和色调，得出一个中灰色调。第 70 页～第 75 页中的内容将告诉大家如何使用测光表测量平均场景和不平均场景。

手持式测光表和相机不是一体的。 在测量光线之后，测光表会根据你选择的快门速度，在其刻度盘或显示屏上显示推荐的光圈值。这种类型的测光表既可以测量入射光，又可以测量反射光，主要取决于测光表上的传感器对准什么位置。

在取景器中可以看到拍摄场景

相机的测光系统"看到"的场景

相机中内置的是通过**镜头式（TTL）测光表**，并会在相机的取景器中显示测光的读数。你可以通过取景器看到拍摄场景中的细节，但是相机的测光系统却看不见场景中的任何细节。大多数测光表只会简单地"看见"拍摄场景中所有光线的级别。不管拍摄场景中是非常亮还是非常暗，测光表都会平均化场景中的所有光线，并得出一个中灰色调，然后据此计算出正确曝光所需要的光圈值和快门速度的组合。还有一些测光表更为复杂，可以对拍摄场景中特定的部分进行测光。

TTL 测光表通常和相机是配套工作的，相机可以根据测光表的测光结果自动设置相应的曝光值。这里给出了相机取景器中显示的画面，在取景器中显示的图像的下方，给出了相机设置的快门速度和光圈值。当你选择的快门速度和光圈值不在相机推荐的范围之内，还会提示你有可能出现曝光不足或曝光过度的情况。

测量反射光

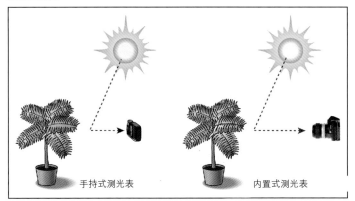

手持式测光表　　　内置式测光表

　　反射式测光表测量从拍摄对象反射回来的光线数量，可以手持（左），也可以内置在相机中（右）。测光时，将测光表的传感器对着整个拍摄场景或其中的某个特定部分。

测量入射光

　　入射式测光表测量射向拍摄对象的光线数量。测量时，将测光表放在拍摄对象旁边，并将其传感器对准相机的镜头。

反射式测光表的几种测光方式

　　平均测光能够读出场景中的大部分区域，并计算出一个能够表示整个场景中间色调的曝光值。手持式测光表通常都进行平均测光。

平均测光

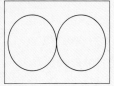

中央重点测光

　　中央重点测光主要偏重于场景中的中间部分，即通常是最重要的部分。相机内置的测光表通常会使用中央重点测光模式。

　　点测光主要针对场景中某一个很小的点进行测光。它可以计算出非常精确的曝光值，但是选择哪一个点来测光在这里就显得非常重要。如果摄影师在拍摄时想获得某个区域精确的曝光值，使用手持式点测光表将会给他很大的帮助。一些相机内置的测光表也支持点测光模式。

点测光

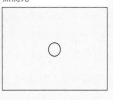

多区域测光

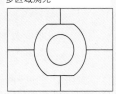

　　多区域测光是一种比较复杂的方式。在测光时会将拍摄场景划分成几个区域，并且分别对不同的区域进行单独测光，然后对存储在相机中的一系列图像进行分析，最后得出曝光值。这样可以有效避免曝光不足或曝光过度情况的产生，比如，拍摄明亮天空下的对象就很容易产生曝光不足。

测光表
如何计算和调整曝光

何才能计算并调整曝光呢？虽然你拥有一部自动曝光相机，但是你仍然需要知道它是如何工作的。许多全自动相机在面对逆光环境或其他一些整体照明不"均匀"的场景时，并不能够完成正确的曝光。此时，你需要知道如何调整相机的设置，才能得到正确的曝光。

本节将会为大家介绍手持式测光表的工作原理。一旦了解了它的工作原理，你将会知道任何测光表的功能，不论是相机内置的测光表，还是独立的手持式测光表。第70页~第75页中将会介绍如何针对不同的拍摄场景使用测光表。

曝光 = 光线强度 × 时间。曝光主要由两个因素控制，一个是抵达相机感光元件表面的光线强度（由光圈控制），另一个是光线照到相机感光元件表面的时间（由快门速度控制）。你可以通过改变快门速度和光圈值（改变其中任意一个，或同时改变）来调整曝光。

曝光的调整用挡来表示，相邻两挡之间是2倍和一半的关系。光圈调大一挡，比如，从f/5.6调整为f/4，抵达相机感光元件表面（或胶片）的光量就增加一倍，曝光也就随之增加一挡。快门速度降低一挡，比如，从1/250s降低到1/125s，也会使曝光增加一挡。调小一挡光

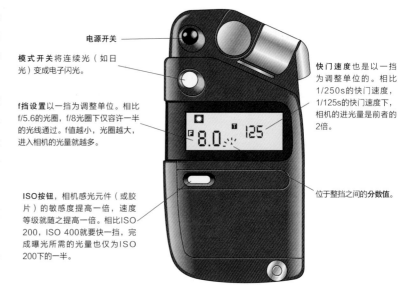

电源开关

模式开关将连续光（如日光）变成电子闪光灯。

f挡设置以一挡为调整单位。相比f/5.6的光圈，f/8光圈下仅容许一半的光线通过。f值越小，光圈越大，进入相机的光量就越多。

ISO按钮，相机感光元件（或胶片）的敏感度提高一倍，速度等级就随之提高一倍。相比ISO 200，ISO 400就要快一挡，完成曝光所需的光量也仅为ISO 200下的一半。

快门速度也是以一挡为调整单位的。相比1/250s的快门速度，1/125s的快门速度下，相机的进光量是前者的2倍。

位于整挡之间的**分数值**。

手持式测光表。光线照射到测光表的光线传感器上，光电芯片经过计算后，将正确曝光所需的光圈值和快门速度显示在电子显示屏上。设置好ISO和快门速度后，测光表会根据当前的光线强度，计算出正常曝光所

圈或调快一挡快门速度，会减少一半的光量，从而会使曝光减小一挡。

熟练掌握各光圈挡和快门速度序列非常有意义，这样当你需要包围曝光或对曝光进行其他调整时，就可以知道该如何去控制了。

如果不确定曝光值，包围曝光可以帮助你完成拍摄。包围曝光时，相机会针对同一个拍摄场景拍摄好几张照片，通过调整光圈值或快门速度来增加或减少曝光。在多张不同的曝光中，至少有一张应该是正确的。不仅仅是初学者才会用到包围曝光，专业摄影师也经常会用到它。

需的正确光圈值。自动曝光相机利用内置的测光表也可以计算出相同的结果。

当使用电子闪光灯（详见第144页）或将闪光灯和日光混合使用时，绝大多数电子手持式测光表仍然能够计算出正确的曝光值。

包围曝光时，首先用相机自动设置的光圈值和快门速度，或手动设置你认为正确的光圈值和快门速度的组合，来拍摄第一张照片。接下来，增加一挡曝光，拍摄第2张照片。第3步，减少一挡曝光，拍摄第3张照片。如果是手动设置曝光，包围曝光并不是一件难事。要增加一挡曝光，可以调慢一挡快门速度，或增大一挡光圈。要减少一挡曝光，可以调快一挡快门速度，或减小一挡光圈。

摄影师：Jack Delano，《车站》，摄于芝加哥，1943年

当你不确定某个曝光值是否正确，或者你希望看到同一个场景的不同曝光时，包围曝光将对你非常有帮助。判断这种对比非常强烈的场景的曝光非常困难，包围曝光给了你一个机会。拍摄这张照片时，利用了多次曝光，使室内的细节更加清晰可见，但是阳光的光束丢失了一些效果。较少的曝光会使任何物体都变暗，因此照片中旁边的人几乎完全消失不见了。

如何使用自动曝光相机实现包围曝光？ 对于全自动相机来说，你增大一挡光圈，相机会自动调快一挡快门速度，以获得相同的曝光。因此，你需要跳过相机的自动系统，第68页中将会介绍详细的方法。一些相机在你按下一次快门释放按钮的时候，会自动拍摄3张包围曝光的照片。

包围曝光会针对同一个拍摄场景，同时拍摄更亮一些和更暗一点的照片。这里假设针对某一个拍摄场景，快门速度为1/60s，光圈值为f/5.6。

原始曝光值

1/8	1/15	1/30	1/60	1/125	1/250	1/500
f/16	f/11	f/8	f/5.6	f/4	f/2.8	f/2

完成包围曝光，需要降低一挡曝光值，从而会使成像中的拍摄场景变暗。保持快门速度为1/60s，将光圈缩小一挡，设置为f/8；或者保持光圈值为f/5.6，将快门速度提高一挡，设置为1/125s。

为包围曝光降低一挡曝光值

1/8	1/15	1/30	1/60	1/125	1/250	1/500
f/16	f/11	f/8	f/5.6	f/4	f/2.8	f/2

完成包围曝光，需要增加一挡曝光值，从而会使成像中的拍摄场景变亮。保持快门速度为1/60s，将光圈扩大一挡，设置为f/4；或者保持光圈值为f/5.6，将快门速度降低一挡，设置为1/30s。

为包围曝光增加一挡曝光值

1/8	1/15	1/30	1/60	1/125	1/250	1/500 sec.
f/16	f/11	f/8	f/5.6	f/4	f/2.8	f/2

手动设置曝光

当你希望增加曝光，使照片变亮，或希望减少曝光，使照片变暗时，可以不使用相机的自动曝光功能，手动设置曝光。改变曝光值以挡为单位，改变一挡曝光，将会使抵达相机感光元件或胶片的光量增加1倍或减半。相邻两个光圈值或快门速度之间相差一挡。

曝光锁。曝光锁可以暂时锁定当前的曝光值，然后你可以重新进行构图和取景，并用之前锁定的曝光值来拍摄。

曝光补偿拨轮。转动拨轮至+1或+2的位置，可以增加1挡或2挡曝光，从而使拍出来的照片更亮。转动拨轮至-1或-2的位置，可以降低1挡或2挡曝光，从而使拍出来的照片更暗。（你的相机也有可能有一个按钮，按下此按钮后才能转动拨轮。）

背光按钮。如果相机没有曝光补偿拨轮，那么它有可能有背光按钮。按下该按钮后，会增加固定的曝光值，一般会增加1挡或1挡半，使拍摄的照片更亮一些。但是要记住，用该按钮不能减少曝光值。

ISO设置。对于数码相机来说，改变ISO以后，会改变光圈值或快门速度，但是不会使拍摄的照片更亮或更暗。你不需要使用机身上的按钮、拨轮和菜单设置，来控制曝光补偿。你可以对相机进行一些设置，然后用固定的曝光值来曝光所有的照片，也可以在每次曝光时都改变曝光值。

在胶片相机上设置ISO（如果相机允许你手动设置ISO），不会改变胶片对光线的敏感度，你可以通过改变胶片的速度来改变曝光值。胶片变慢或变快后，相机会作出响应。胶片的速度加倍（比如，从ISO 100增加到ISO 200），则降低1挡曝光值才能使照片变暗。胶片的速度减半（比如，从ISO 400降低到ISO 200），则增加1挡曝光值才能使照片变亮。

手动模式。对于拥有手动模式的全自动相机来说，你可以手动调整快门速度和光圈值，也可以按照你的意愿来增加或降低曝光值。

绝大多数相机都有一种或多种改变曝光值的方法。这些特性可以让你在需要的时候跳过相机的自动曝光功能。在拍摄结束后，不要忘记将相机重新设置为正常模式。

曝光锁

背光按钮

曝光补偿拨轮

感光度设置拨轮

手动模式

摄影师：Todd Hido，《#2423a from the series House Hunting》，摄于1999年

　　在夜间拍摄，或在任何需要长时间曝光的情况时，你可以使用手动模式设置快门速度和光圈值。

整个拍摄场景中的平均光量

摄影师：Alec Soth，《Charles Vasa》，摄于明尼苏达州，2002年

拍摄场景被散射的光线照亮，比如，在树荫下或像这样在一个阴天里，或在室内并有好几个光源时，测光表可以很好地对拍摄场景进行全面测光。散射的光线不会直射，并且很柔和，此时的阴影不会像在直射光线下那么暗。

给人的第一感觉就是整个直方图非常平滑，像素几乎分布到了所有的色调范围。直方图右侧的突起来自于地面上的白雪和多云的天空。摄影师 Soth 在拍摄这张照片时，使用的是胶片相机，并且使用了测光表。用数码相机拍摄的更好的曝光，应该在其直方图的左侧留下更多的空白，在其右侧留下更少的空白。

怎样获得好的曝光？你要如何选择快门速度和光圈值的组合，才能让足够的光线进入相机，既不让照片曝光不足，看上去太暗，也不让它曝光过度，看上去太亮？相机内置的测光表和绝大多数手持式测光表都会测量反射光和拍摄对象的明暗程度。在大多数情况下，你只需将相机对准某一个拍摄场景，然后激活测光表，设置相应的曝光值（或让相机来设置）。

反射式测光表会将进入其视角的光线平均化。测光表会将拍摄场景中所有的色调（包括暗调、中调和亮调）平均化，形成 18% 的中灰色调，并据此来计算快门速度和光圈值的组合。

如果你拍摄的是"平均"场景，比如亮部和暗部区域分布平均的场景，或者是拍摄场景被从相机位置发出的光线照亮，或者整个拍摄场景被散射光线照亮，测光表能够很好地工作。下文中将会介绍如何对这类平均场景或低对比度场景测光。

然而，如果拍摄对象的背后有光线射出，并在其周围形成一个更亮的区域，比如，明亮的天空下有一块类似阴影的更暗的区域，此时测光表所做出的判断就可能不准了。如果在明亮和黑暗区域之间没有找到很好的平衡，甚至是一个简单的逆光环境，就可以使测光表出现失误，第72页~第75页中的内容将会教你遇到这种情况该怎么办。

使用相机内置的测光表对平均场景曝光

1 在相机中选择并设置好 ISO 值。对胶片机而言，ISO 值由装入胶片的感光度来决定。

2 选择曝光模式，比如自动（光圈优先、快门优先或程序自动）或手动模式。当你在取景器中看到拍摄对象时，激活测光表。

3 在光圈优先模式下，选择一个光圈值，相机会根据你选择的光圈值，自动选择合适的快门速度。要确保快门速度足够快，以防止因相机抖动或拍摄对象移动引起的照片模糊。在快门优先模式下，选择一个快门速度，相机会根据你选择的快门速度，自动选择合适的光圈值。要确保得到需要的景深。在程序自动模式下，相机会同时选择光圈值和快门速度。在手动模式下，你需要根据通过取景器查看到的测光表读数，同时设置光圈值和快门速度。

用手持式反射测光表计算平均场景的曝光值

1 将 ISO（或胶片感光度）设置到测光表中。

2 将测光表的传感器对准拍摄对象，使测光表的视角与相机的视角保持一致。

3 测光表上会显示光圈数值，没有显示屏的测光表则会通过数字排列和计算箭头来表示光圈值。

4 将测光表上的快门速度和光圈值组合设置到相机中。测光表中显示的任何组合都可以让等量的光线进入相机，并实现相同的曝光。

用入射式测光表计算平均场景的曝光值

1 将选用的 ISO（或胶片感光度）设置到测光表中。

2 将测光表放在拍摄对象旁，从相机的角度看，使落在测光表传感器上的光量和落在拍摄对象上的光量一样多。要达到这样的效果，必须使测光表的传感器背对拍摄对象，朝向相机的镜头。激活测光表，测量落在拍摄对象上的光量。要确保落在拍摄对象上的光量和落在测光表上的光量一样多。比如，如果拍摄对象被照亮，不要使测光表处于阴影下。接下来的步骤和使用反射式测光表的第 3 步和第 4 步是一样的。

将场景拍得更亮或更暗

"**拍**得太暗了"。有的时候，即使是非常有经验的摄影师也会这样抱怨，虽然他们很仔细地对场景测光，但还是不能获得正确的曝光。测光表所做的只是测量光线，但是它并不知道你对场景的中哪些部分感兴趣，也不知道应该将哪一个特定的拍摄对象拍得亮一些或暗一点。因此，拍摄时你需要从测光表的角度考虑，并根据实际情况改变曝光。

有些时候会遇到整个拍摄场景都很亮的情况，比如雪景，如果针对整个场景测光，并用所得的曝光值曝光，那么拍出来的照片看上去会非常暗。这是因为测光表工作时，还会认为自己所测的场景中包含亮调、中调和暗调，并将其平均化为 18% 的中灰调，然后据此给出相应的曝光值。但这往往会造成曝光不足，这是因为实际场景中绝大部分都是亮调，也称为高调，最终导致拍出很暗的照片。遇到这种情况，请酌情增加 1 至 2 挡曝光补偿。

也有一些时候整个拍摄场景都会显得很暗，当测光表"看到"非常暗（也叫低调）的拍摄场景时，它会将其视为比较昏暗的场景，并且要让更多的光线进入到镜头内。如果拍摄对象并不像背景一样黑暗，那么在最终拍摄的照片中它就会显得很亮。遇到这种情况，请酌情降低 1 至 2 挡曝光补偿。

在后期处理环节中，你也可以对照片的色调进行适当调整。虽然可以进行后期处理，但最好还是在一开始拍摄时就能获得正确的曝光。如果你拿不准，可以用包围曝光（详见第 66 页）来拍摄，尤其是拍摄场景不平均的时候。如果将文件保存为 TIFF 或 JPEG 格式，不太适合在后期处理中进行进一步编辑。将文件保存为 RAW 格式，那么在后期处理中如果遇到照片轻微曝光不足或曝光过度的情况，还有机会可以进行纠正。但是，如果要打印或冲洗大幅面的照片，最好还是能在拍摄时就能获得正确的曝光。

当光线从拍摄对象的后面射出，或者背景比拍摄对象亮很多时，拍摄出来的照片就有可能曝光不足（过暗）。问题主要出在测光表对场景中的光线进行了平均化处理。拍摄这张照片时，摄影师将测光表对准了亮调的天空、云彩，还有雕塑。结果，利用 1/250s 的快门速度和 f/11 的光圈值，对平均场景进行了正确的曝光，但是对于这个场景来说，曝光并不正确。

拍摄对比强烈的场景时，将测光表靠近主要拍摄对象测光，可以获得更好的曝光。利用这种方法，你可以得到场景中最重要部分（恐龙的头部）的曝光值，这里是 1/60s、f/11，提高了两挡曝光值。最终拍摄出的照片要更亮一些，照片中的天空更加逼真，主要拍摄对象的轮廓也不太暗。

摄影师：Jerome Liebling，《miami beach》，摄于弗罗里达，1977年

　　拍摄有些场景时，需要更加小心的测光，比如这位在一束阳光中的手球运动员。平均测光表"看到"的是几乎占据画面绝大部分的大厅，这样得出的曝光值肯定会使最终成像中有阳光的部分显得非常亮。直方图中暗调部分都集中在画面的左侧。平均测光表会试图将大量的色调移向中间，使高光部分曝光过度。

 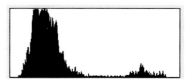

逆光拍摄

最常见的曝光问题出现在拍摄背光物体时，这些物体的背景往往很亮，比如晴朗的天空等。因为测光表会平均化拍摄场景中所有的色调，包括亮调、中调和暗调，整个场景中非常亮，就会导致测光表给出一个错误的曝光值，试图使进入镜头的光量减少，从而导致拍摄出的照片看上去整体偏暗，进而会使主要拍摄对象显得太暗。

背光时可拍摄出剪影效果，但是一般情况下不要将拍摄对象拍得很暗，除非专门需要这样的效果。要表现出主要拍摄对象的细节，要保证将测光表对着拍摄对象测光，不要让拍摄对象背后的光线进入测光表。当需要在明亮的背景下拍摄剪影时，建议在测光表推荐的曝光值的基础上，试着降低 1 至 2 挡曝光来进行拍摄。

摄影师：Lou Jones，《舞蹈排练》，摄于1985年

在背光场景中拍摄时，要格外小心，尤其是在需要保留拍摄对象阴影一侧的细节时。

在高对比度场景中拍摄时，最好能够靠近拍摄对象测光。如果使用相机内置的测光表，测光时请尽量靠近拍摄对象（在不遮挡光线的前提下），直到重要区域正好充满相机的取景器为止。然后，设置好相机的快门速度和光圈值，回到你原始的拍摄位置进行曝光。

使用手持式反射测光表时，请尽量靠近拍摄对象测光，但是不要遮挡光线。点测光表仅会在非常窄的视角内测光，尤其适合在高对比场景下使用。

拍摄高对比场景很难获得正确的曝光，这主要是因为场景中的色调范围往往会超出相机感光元件或胶片的工作范围（色调范围是被一起捕捉下来的）。哪怕一个很小的曝光失误，都会使你丢失高光或阴影中的细节。通常情况下，最保险的方法是使用包围曝光。

尽量不要使负片曝光不足。一般情况下，阴影部分在曝光时最容易出问题，胶片在高光部分拥有更多的范围。反转片的工作范围比负片更窄。数码相机捕捉的色调范围与负片比较相似，但是数码相机在高光区域内工作范围很窄。不管使用什么拍摄系统，在拍摄高对比度画面时，精确的测光都非常重要。

在高对比场景中正确曝光主要拍摄对象，仅需要对场景中的某一部分进行测光。在一个很暗或很亮的背景中拍摄人物或其他物体，请将测光表尽量靠近拍摄对象，并使其不要接收到来自背景中的光线，同时也要注意不要过于接近拍摄对象，以免自己的影子影响测光表的测光。如果要拍摄风景或其他包含非常明亮的天空场景，请将测光表或相机稍微冲下，避免在测光时引入过多的天空元素。但是如果天空中有美丽的云彩，你非常想表现它的细节，同时地面上还有许多较暗元素的影子。在这种情况下，天空是主要拍摄对象，拍摄时主要需针对天空进行测光，并决定曝光值。

如果你不能足够靠近高对比场景中的重要部分，也可以使用**代替测光法**。用寻找相似光线下具有相同色调的物体，并对其进行测光的方法，来得到相应的曝光值进行代替。为了获得准确的曝光，在测光时还可以借助于灰卡。灰卡能将复杂光线的场景一律平衡为18%的中灰调，通过测光表将灰卡的反射光记录下来，就能获得精确的曝光值。此外，还可以对自己的手掌反射出的光线进行测量。总之，在测光时要保证灰卡或你的手掌和拍摄对象在相同的光照条件下。

在对高对比场景测光后，该如何设置相机？如果将相机设置为手动曝光模式，要设置快门速度和光圈值来正确曝光主要的拍摄对象，需要将测光表靠近拍摄对象并获取曝光值，或者采用代替法获取相应的曝光值。如果将相机为自动曝光模式，你必须跳过相机的自动控制模式。最重要的是不要畏惧，只有你自己知道你想拍摄什么样的照片。

摄影师：Ray K. Metzker，《frankfurt》，摄于1961年

在无法足够接近拍摄对象，或在拍摄场景中无法找到反射均匀的区域时，用代替法，比如用自己的手掌或借助于灰卡测光，也会得到精确的曝光值。测光时，要确保仅对手掌或灰卡测光，不要参杂进天空或其他不同色调的背景。代替法测光不仅可用于手持式反射测光表，还可用于相机内置的测光表。

对手掌测光时，如果你的皮肤很黑，请使用测光表推荐的曝光值；如果你的皮肤较白，请在测光表推荐的曝光值的基础上增加1挡曝光，再进行拍摄。如果利用灰卡进行测光，请使用测光表推荐的曝光值。

对高对比场景进行曝光时，必须要十分小心。高调处稍微有点曝光过度，使小船部分呈现统一的白色。同样的，低调处轻微曝光不足，使图中的其余部分都显示为黑色。

HDR
高动态范围

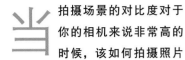

当 拍摄场景的对比度对于你的相机来说非常高的时候，该如何拍摄照片呢？当拍摄场景中的高光部分非常亮，同时阴影部分非常暗的情况下，你该怎么办？相机的感光元件或胶片能够捕捉到的（或者显示器能够显示、打印机能够打印出的）色调范围叫做它的动态范围。当曝光对比度非常高（动态范围很大）的拍摄场景时，你只需要确保最重要的色调能够被记录下来，不可能在同一张照片中捕捉到所有的色调。

摄影师在拍摄时经常受到中调的限制。在 19 世纪，摄影师们需要通过独立的负片在最终打印出的照片中增加云彩，这是因为当时的材料不能同时记录下风景和天空中的细节。工作室摄影师学会了对光线进行分类，使拍摄对象的亮度范围不会超过他们所能捕捉到的范围。

图像处理软件给了我们超越感光元件所能捕捉到的范围的机会。HDR（高动态范围）图像由一系列不同曝光的图像合成而来。

Photoshop 中的"合成为 HDR"功能，同时还有一些独立的应用程序和插件，会自动将曝光不足的图像中的亮部和曝光过度的图像中的暗部进行合成。针对同一个拍摄对象，以 1 挡为单位，包围曝光 5 至 7 张图像（详见第 66 页），能够得到最好的结果。虽然在拍摄时，相机的程序会自动尽量保持拍摄的图像不模糊，但为了稳妥起见，最好还是要借助于三脚架。包围曝光时，最好调整相机的快门速度而不是光圈值，这样可以避免所拍的照片景深出现不一致的情况。

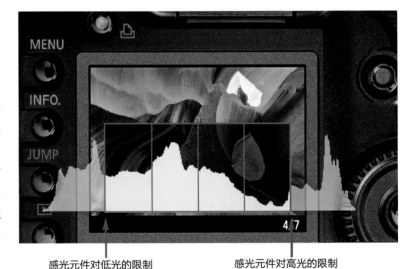

感光元件对低光的限制　　　　　　　感光元件对高光的限制

数码感光元件只能捕捉到固定范围内的亮度，拍摄对比度非常高的场景时，一些色调将会超出感光元件的工作范围。这些超出的色调部分不能被相机简单地捕捉到，超出感光元件高限的色调部分将会被显示为纯白色，超出感光元件低限的色调部分将会被显示为纯黑色。如果不能采用包围曝光合成 HDR 图像，那么你只能选择一部分色调范围进行曝光。

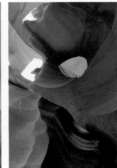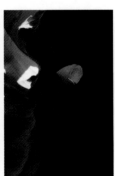

用 1/10s ~ 6s 的快门速度获得了 5 张不同曝光的照片，捕捉到了这个沙漠峡谷所有区域的细节。

这 5 张照片的光圈值是一致的，这样可以保证在合成时不会出现景深的差异。

摄影师：Billy L. Crafton，《亚利桑那州羚羊谷的地质结构》，摄于2008年

峡谷的深处只有黑暗的阴影和很硬的阳光。只有用 5 张 HDR 图像合成，才能详细展示被侵蚀的岩石的所有细节。摄影师 Crafton 喜欢将拍摄的照片旋转 90 度后显示，这样会使观赏者瞬间产生迷惑。

噪点

在数码摄影中，光线的亮度越低，就越容易在成像中产生噪点。当拍摄场景中的光量很少时，相机感光元件的像素会不那么精确，容易产生随机的彩色或明亮的，与拍摄对象毫无关系的像素点，这些点被称之为噪点。随着光量的减少，噪点随之增加，通常图像中的黑暗区域的噪点会更多。阴影中的噪点和黑暗区域中明亮的彩色点一样，都非常引人注目。

高 ISO 会增加噪点。感光元件的像素不会改变其对光线的敏感度。感光元件将打到其上的光子转变为电信号，并对这些电信号进行收集和计算，来完成感光的过程。你将 ISO 的值设置得更高，会提高感光元件对光线的敏感度。此时，相机的感光元件会将收集到的电信号进行放大。ISO 越高，拍摄时所需的光圈值就越小、快门速度就越快，感光元件接收到的整个场景的光量就越少。高 ISO 下的形成的噪点会比低 ISO 下多得多，在图像中会很显眼。

长曝光会增加噪点。当拍摄场景中的光线很暗，要用很小的光圈拍摄，或者拍摄昏暗的物体时，需要使用长曝光进行拍摄。比如，拍摄 HDR 照片，因为需要很大范围的亮度，其黑暗区域的亮度会很低，因此也需要通过长曝光来实现。有一种噪点叫做暗噪点，它会随着曝光时间的延长而增加，在长曝光拍摄的照片中非常常见。

有一些噪点可以去除。一些数码单反相机的菜单中就有长曝光降噪的选项，可以对一些类型的噪点，尤其是暗噪点进行预先降噪。长曝光的拍摄过程只有在快门关闭的时候才算结束。曝光过程中会形成噪点，在曝光完成后相机会自动进行降噪处理。

通过软件也可以降噪。一些图像处理软件、独立的应用程序和 Photoshop 插件，都可以用来降噪，不仅可以针对数码照片，还可以对扫描的照片起作用。

数码照片会因为噪点的影响而使成像效果大打折扣，这些噪点通常会在暗处以亮点的形式出现，并且随着曝光时间的延长，噪点的数量也随之增加。

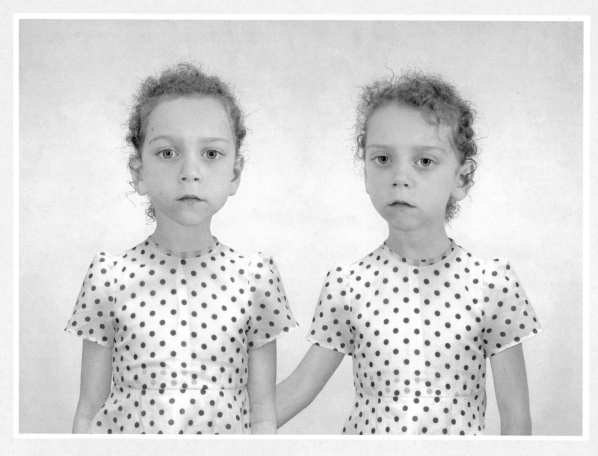

摄影师：LORETTA LUX，《Sasha 和 Ruby》，摄于2005年

这两个女孩如此真实，又如此梦幻，她们是一对双胞胎呢，还是同一个女孩被照了两次？如何探究争议？数码摄影技术给我们带来了很好的工具，使我们能够很轻易地创造影像。

第 4 章 数码暗房

在拍摄完成后，打印之前，照片是以数码文件的形式存在的。在电脑中，照片以二进制数的形式保存，这里没有暗房，没有胶卷，也没有显影剂。取而代之的是电脑中的图像处理软件，图像处理软件通过包含的命令和工具对数码照片进行处理，这些命令和工具都是由传统的暗房中继承而来，具体的来源这里不做讨论。

你需要知道的是如何合理使用电脑，并通过它来控制照片在拍摄和输出之间的各个阶段。数码相机将拍摄的照片存储在可重复利用的存储卡中，同时我们还可以在电脑中保存和查看这些照片。通过图像处理软件，我们可以单独、精确地对某一张照片中的某一个特定区域，进行色调和颜色控制，并且可以连续保存整个处理过程中的每一个步骤。照片经过处理后，可以将其发送到连接电脑的桌面打印机，进行重复打印。只要勤学苦练，你就可以对数码摄影逐渐精通起来。

摄影师：Miwa Yanagi，《永恒之城 I》，摄于1998年

数码工具让摄影师 Yanagi 为自己的作品创造了一个空间。这张照片来自于她的"描绘灵感"系列，灵感来自于工作在日本大型商场的"电梯女孩"，这些女孩正在挑战传统妇女的观念。Yanagi 雇用了符合人物原型的的模特，并让她们为拍摄穿上了统一的制服。

所需的硬件设备和软件

拍摄

数码相机拍摄并不使用胶片，它用数字方式记录影像，并可直接传到电脑中。

扫描仪可以将底片、幻灯片、照片等转换为数字格式，详见第89页。

编辑

电脑是数字影像系统的核心。它可以处理图像，并且能够驱动与之相连的显示器、打印机和其他设备。你可能会需要一个新的 Mac 机或 PC 机。电脑的速度越快，图像处理的速度也越快。增加电脑的内存，可以让电脑在处理图像时更快。

电脑显示器可以用来显示处理的图像，以及图像处理软件中的工具和选项。

图像处理软件可以让你通过选择不同的命令和工具来对图像进行编辑。最著名的图像处理软件是 Adobe Photoshop，此外还有 Adobe Photoshop Lightroom 和 Apple Aperture（详见第87页）。

图像处理软件通过屏幕上的菜单列出相关的命令，单击相应的命令后，屏幕中在弹出对话框。这本书列出的大部分对话框和示例都来自 Mac 机中安装的 Photoshop，看上去和 Windows 版本没有什么两样。

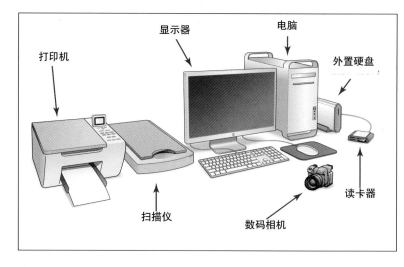

虽然本书可以告诉你很多关于拍摄的内容，但是它并不能代替相机的使用手册和相关软件的参考书目。你需要根据自己所使用的图像处理软件，选择一本适合的参考书、软件的使用说明，以及关于软件工具和控制的好书或网上指南。

存储和传输

图像文件存储在**电脑硬盘**中。通过相应的线缆可以将外置硬盘连接到电脑。存储图片会占用很大的硬盘空间，电脑内置的单块硬盘只能存储有限的图片。一些电脑在机箱内部还留有扩展空间，可以增加更多的硬盘来拓展存储空间。

光学存储介质，比如 DVD 或蓝光光盘，能扩展存储空间，或者能让你把文件存储到另外的地方。

通过调**制解调器**，有线或无线网络，可以将电脑与网络相连，进而可以通过网络传输照片。与因特网相连，你可以将拍摄的照片传到全世界。

输出

利用**打印机**可以把图像打印到纸上。打印的质量、花费和照片保存的持久性会有很大差别。打印机也有喷墨、激光等多种类型。

将你拍摄的照片上传到网站上，别人就能在自己的电脑上欣赏你的照片了。

没有必要自己购买上述所有的设备，许多学校和图书馆有电脑、扫描仪和打印机，可供人们使用。此外，还有专门的图片社，可以有偿为大家提供相关服务。

关于文件的大小

文件大小是用字节（8bit）来衡量的。一个1200万像素的相机的感光元件可以拍摄分辨率为3000×4000的照片，即1200万像素。如果每一个像素点中的每一种颜色（红、绿、蓝）都用8位字节来表示，那么图像文件的大小就是36MB。

bit 是数码信息中的最小单位，它只能是两种值：1 或 0。Byte，即 8bit，可以是 256 种不同的值。Kilobyte（1K 或 KB），即 1000 Bytes。Megabyte（1M 或 MB），即 1,000,000 Bytes。Gigabyte（1G 或 GB），即 1,000,000,000Bytes（放了方便计算，数据取

的是整数，1 KiloByte 实际包含1024Bytes，1 Megabyte 实际是 1,048,576 Bytes）。

因特网上的一张照片的大小可能是 90KB，一张8英寸×10英寸照片的大小大约有18MB，一张海报的大小是 200MB 或者更大。

照片是数码文件

照片以文件的形式存储在电脑中，这些文件以二进制数（0和1）的形式表示每一个像素。像素越多，位深度（每个像素所包含的信息量）越深，照片的清晰度就越高，颜色质量就越好，色域范围就越广，同时文件的尺寸也就越大。一般来说，相机越高档，其像素就越高，位深度也越深，同时文件的体积也越大。

文件越大，电脑处理它所用的时间就越长，同时占用的内存也越大，

需要的硬盘空间也越大。因此，拍摄时需要根据实际情况，选择合适的文件大小。

位深度反应了图像色调的平滑程度。 在电脑中，图像以0、1二进制数存储，一张1位位深度的图像只有黑白两种颜色。2位位深度意味着有4种颜色，增加了灰色和浅灰色。8位位深度的图像中有256种不同的颜色，白色、黑色，以及254种介于其间的灰色。

人的肉眼只能分辨大约200种介于黑白之间的颜色，所以一张8位照片足以表现256种灰色，包括黑白两色。但是，为了与传统的彩色打印机或幻灯片相匹配，则需要的是3倍的量，红、绿、蓝每一种颜色都需要256个不同的值来表现。对于一张全彩图像，每一个像素通常存储有24位的信息。

高位深的文件能够让你做更多的调整。 一些相机和扫描仪能够捕获高达16位的图像（意味着在黑白之间有65536个不同的值），虽然人的肉眼看不出差别，但它可以让你在进行图像处理时不降低图像的质量。

RAW文件保留了拍摄时的所有信息， 它是一种无损格式。TIFF和JPEG是一种有损格式，将照片保存为这两种格式，拍摄时的一些信息会丢失。高端相机可以将拍摄的照片保存为RAW格式，在后期处理中RAW格式的文件将会拥有更大的自由度。

位深增加 →

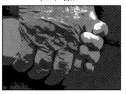

对于同样尺寸的图像，更深的位深度能够还原更多的色调，但同时也需要更多的像素。1位的位深度只能还原黑白两种颜色，2位的位深度则可以多表现两种灰色，1张8位的图像可以还原所有人眼能够观察到的介于黑白之间的灰度，一张16位的图像能够把黑白细分到肉眼无法区分的程度。对于全彩图像，每个像素至少由3个8到16位的字节表示，每个对应一个主色调。

文件格式

当创建或保存一张数码图像时，**你可以选择需要的文件格式。** 一些电脑或软件需要用3个字母作为后缀，来识别文件的类型。下面是一些比较重要的文件格式。

PSD（.psd） 是Adobe公司为Photoshop软件专门研发出的文件格式，它只能在Photoshop中被编辑和打开。如果使用Photoshop来编辑图像文件，那么很少有人会将调整好的图像储存为其他的格式，除非有某种特殊的原因。

JPEG（.jpg） 格式采用抛弃一些没有必要的像素的方式来压缩图像。一个24位的图像文件能够被压缩为原始尺寸的1/20。JPEG格式文件的尺寸相对较小，传输的时间较短，因此网络上比较喜欢采用这种图像格式来展示照片。此外，通过网络传送照片时也普遍采用JPEG格式。数码相机也会采用这种格式来保存文件。

此外，还可以将JPEG文件存储为不同的质量等级。总之，压缩程度越高，图像文件会越小，同时图像质量也越差。

TIFF（.tif） 是存储高质量照片时常用的格式之一，它能被常用的图片浏览程序打开。同时，出版与印刷行业也广泛应用该格式。将TIFF格式的图像再次转存储为TIFF格式时，不会降低图像质量。此外，将其压缩为LZW之后，也不会造成图像质量的下降。

RAW（.CR2，.NEF，.PEF等） 格式是相机感光元件曝光后最直接的图像展示形式，用其保存图像，拍摄时的信息是不会丢失的。相机原文件能单独存储图像数据（每一个被捕捉到的像素只能代表一种原色）。以白平衡模式为例，它可以调整图像中的色彩，但不会改变像素的数量。原文件格式是每个相机生产商特有的一种格式。令人高兴的是，大部分原文件都能用Photoshop打开，并且可以被转存为不同的图像格式。

DNG（.dng） 格式是一种适用性较广的相机原文件格式，也就是说，任何相机或软件公司都能将此格式作为自己产品所能生成的格式。任何相机的原文件格式都是可以进行转换的。

色彩管理

模式、色域、工作区域和配置文件

相比胶片摄影，数码摄影中的颜色更系统，并且更易于管理，颜色的构成也更加明显。了解数码影像中是如何处理颜色的，可以帮助你在后期处理中更好地运用控制工具，从而得到想要的图像。

每一张数码影像都有一种颜色模式，用来定义图像中的颜色。黑白照片通常被保存为灰度模式，它只能保存明暗两种色调，而不能保存色彩。灰度值（明暗度）以0到255之间的数字来表示。

这里有几种方法，可以为一张图像中的每一个像素存储颜色信息。最常用的模式是RGB模式，主要颜色由红、绿、蓝组成。CMYK（青色、洋红、黄色和黑色）模式则经常被用于商业、出版等行业。

在一张彩色照片中，每一个像素中的每一种颜色信息都会用一个数字来表示。比如，在RGB模式中，红、绿、蓝三种颜色会分别用一个介于0到255的数字来表示。用来表示午后阳光下微暖色调的实体建筑的一个像素，其颜色值可能为202，186，144。这表示该像素中红色居多，绿色稍微少一些，蓝色最少。（如果三个数值一样，就表示中灰色。）

你并不能打印出所有能看到的颜色。所有的数码捕捉或显示设备，如相机、扫描仪、显示器、打印机等都有局限性。一个设备的色域是指它所能接受和产生的所有颜色。广色域非常有用，因为它经常比人类能看到的色域要小，它能告诉我们，我们能看到什么颜色，但不能再生哪些颜色。更重要的是，不同设备和材料的色域范围是不一样的。

比如，有些显示器就不能显示你用相机捕捉到的一些颜色。此外，一些打印机也不能再生你在屏幕上看到的一些颜色。

每一幅图像都有对应的工作区域，它的色域应该比其他所有设备（显示器、打印机等）的色域都要大，以便在图像转换的过程中不丢失颜色信息。通过图像处理软件，可以为每一个图像文件指定配置文件，如果你想打印某张图像，请使用Adobe RGB 1998配置文件。

利用配置文件可以把一个色域转换成另一个色域。没有两个打印机有相同的色域，它们不能重构完全一样的色域。用两个不同的打印机打印同一张照片，为了尽可能使打印效果一致，你需要一个配置文件来描述各个色域。发送到打印机的每一个文件都会有一个相应的输出配置文件。显示器的配置文件把人眼在显示器上看到的进行标准化，所以照片在所有的显示器上看起来是基本一致的。

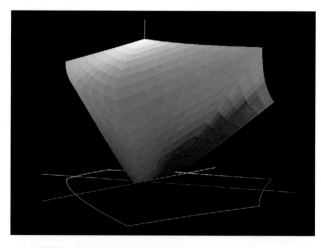

色域指某一个设备所能表现的所有颜色。这个三维图像展示的是一个显示器的色域，白色在顶端，黑色在底部。离纵轴越远，颜色的饱和度越高。它的外边缘，下方最突出的部分是它实际能够再生的颜色的极限。

显示器在校准后才能以标准的方式显示颜色。在拍摄后，你将根据在屏幕上显示的图像来确定大多数颜色。但是显示器在生产时所用的颜色集各不相同，不同厂商的显示器显示的颜色也不同，甚至同一厂商生产的不同型号、尺寸的显示器显示的颜色也会有差别。此外，对于单个显示器，它对颜色的响应也是时刻都在变化的，即颜色会产生漂移。你需要知道你看到的颜色是正确的。

每一种设备都有一套标准。对于显示器来说，首要的标准是表现力，即表现颜色的能力要标准化。这个标准被转化为显示器的配置文件，它被安装在操作系统中，可以用来修正显示器的某些参数，使其符合一定的标准。比如，如果你的显示器显示 202R，186G，144B 这种颜色较暗，并且偏蓝，电脑将会使用配置文件进行调整，使显示器更亮一些，偏黄一点。

为白色点和 Gamma 选择一种标准，并且根据标准去校准显示器。通常情况下有两种方法，主要根据不同的任务和不同的行业。除非你有特殊的要求，将 Gamma 和白色点分别设置为 2.2 和 D65，这对打印照片来说是最好的设置。

颜色管理的目的是，使从拍摄到输出整个过程中的颜色保持一致。校准显示器是最重要的开始，至少一个月要做一次，如果手头的工作比较重要，那校准的频率更要提高。在有可能的情况下，最好能建立自己的工作室，并保证环境和光线保持一致。工作时，如果光线发生了改变，甚至是从墙面和衣服上反射过来的光线，都会影响人眼对显示器中所显示颜色的判断。

电视之类的显示设备都应该能够显示正确的颜色。上图中的宽屏电视机的输入信号都是一样的，理论上它们显示的颜色也应该是一致的。显示器只有在被校准后，才能以标准的方式显示准确、精确的颜色。对于临时的图片制作，电脑操作系统中的校准功能就完全可以胜任。

想要更精确的结果，就必须使用专门的硬件设备了，比如分光光度计和色度计，将其放在显示器的屏幕上，直接就可以读数。与这些设备配套使用的还有相应的软件，这些软件可以将硬件设备中的读数与存储在电脑操作系统中的显示器配置文件相比较。请注意，在校准前，要确保显示器已经充分预热（至少要 30 分钟）。

一些分光计还能够为特定的打印机、油墨、纸张组合（详见第 115 页）输出配置文件。

通道

数码彩色图像是由许多黑白图像组成的。传统彩色胶片上的或在暗房中冲印出的图像都是由 3 个图层组成的。每一个图层实际上就是一幅黑白图像，只不过它们各有一种主要颜色。彩色数码图像也是一样的，针对三原色中的每一种颜色，每一个像素都有独立的色彩值。如果图像中只有一种主要颜色有色彩值，那么这就是一张单色图像。利用图像处理软件，可以对每一种颜色进行单独处理。

数码相机和扫描仪能够捕获红、蓝、绿三种颜色。除非有特定的要求，本书仅讨论 RGB 模式的图像。通过图像处理软件，可以把图像从 RGB 模式转化为 CMYK 模式。

RGB 图像有三个通道，每个通道中显示的是图像三原色中的一个颜色的像素值。可以将一个单独的通道看成一张单色图像，即黑白图像。比如右上图所示，请看 Photoshop 中通道面板的红色通道，它实际是一张灰度图像。此外，每一个通道都可以在 Photoshop 单独进行调整。Lightroom 和 Aperture 仅能在直方图中把图像分成几个通道，并且只允许在单通道上调整图像。

对通道也可以进行蒙版操作。当你仅想对图像中的一部分（比如使某个人的面部变亮，而保持背景不变）进行调整时，Photoshop 需要知道你希望在什么位置进行调整。然后，Photoshop 会建立一个新通道，白色部分是你想要调整的地方，黑色部分是需要保持不变的地方。这种通道就叫蒙版，它作为图像文件的一部分被一起保存，但通常我们是看不见的。

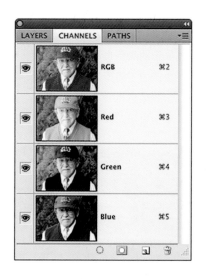

三个通道中包含了彩色图像的所有信息。每个通道（红、绿、蓝）中记录的明度相组合，使人眼可以看到全彩色的图像。每个通道中的彩色图像都可以被转化为黑白图像。

红

三个通道产生了三种不同的黑白图像，当需要将彩色图像转化为黑白图像时，这给了你更多的选择。红色通道最平滑，最复杂的是人脸。绿色和蓝色的对比更强烈，更加突显脸部的纹理。

绿

蓝

彩色图像转化为黑白图像

同一张彩色图像可以转换为不同的黑白图像。通过图像处理软件，可以对图像中的3个通道进行混合。中间的图像红色和绿色较多；左边的图像蓝色较多，看上去比右边的图像要亮很多。

彩色通道在图像编辑软件中能够被混合在一起。Aperture 中的单色混合器和 Lightroom 中的灰度混合器的下方都有相应的调整菜单，可以让你像在 Photoshop 中一样选择黑白图像。此外，还可以对每个通道中的颜色进行调整，使之更加均匀，以得到需要的黑白图像。

　　许多数码相机都支持直接拍摄黑白照片。相机会自动生成灰度 JPEG 或 TIFF 图像，并且还可以提供黑白图像的预览。如果将图像保存为 RAW 格式，那么虽然在相机的 LCD 显示屏上预览的是黑白图像，但是图像的色彩信息仍然会被保存在文件中。在后期处理中，可以用刚才提到的软件将图像转换为灰度图像。

红外黑白图像

　　数码相机的感光元件前有一个低通滤镜，用来过滤红外线。实际上，我们完全可以利用这看不见的红外线来拍摄黑白照片。

　　不同型号的相机，其低通滤镜的效果也大不相同，不过相同的是，没有哪一个低通滤镜能够完全阻挡红外线。在镜头前装上红外滤镜，使其可以阻挡可见光，而使红外线通过，这些种滤镜的型号有很多，比如，Wratten No.87，Hoya R72，Heliopan RG715 等。没有了可见光的干扰，相机的感光元件接收到的都是红外线。但是要注意，由于进入镜头的红外线的量很少，因此拍摄时需要较长的曝光时间，通常情况下，即使是在白天全开光圈的情况下，也要超过1s的曝光时间。多尝试，你一定会取得成功。

　　如果想专门从事红外摄影，你可以对相机进行适当的改装，主要是要将相机感光元件前的低通滤镜去掉，网上有许多教程，感兴趣的朋友可以自己找找。如果对自己的动手能力不是很放心，你也可以请专业的相机改装店来操刀。

摄影师：Jingbo Wu，《Indian Ruin》，摄于2007年

　　在红外照片中，植物的叶子是白色的，天空几乎是黑色的，这是一张很美妙的风景照。摄影师 Wu 在网上买了一部便宜的数码单反相机，并且按照在网上找到的教程，去掉了相机的低通滤镜，然后在镜头前加装了一个 Hoya R72 红外滤镜。

建立工作流程

规划与组织

工作流程，一套由有规划有组织的系列工作步骤组成的方案，可以使你的数码暗房工作更简单。第108页的图像编辑工作流程是一个通过使用 Photoshop 软件逐步调整的工作流程，从一个扫描文件或者数码相机导出的照片文件开始，调整出想要的颜色和影调。下面介绍的是更加广泛的数码文件处理步骤，以确保你能够随心所欲地处理数码照片。

捕捉影像：对感光元件或胶片曝光。大多数人认为，捕捉影像也就是按下快门按钮——这是摄影的全部了。事实上，真正的摄影远不止于此。

下载：从数码相机的存储卡（或者扫描仪）中下载拍摄的影像文件到电脑中，以用于之后的处理。把影像文件下载到应用软件（见下页）中，这样的步骤被称为导出。电脑是完成所有工作流程的命令中心。将图像文件传输到电脑的硬盘里，这样可以腾出相机存储卡的空间以便于下次拍摄时使用。此外，扫描仪通常是与电脑直接相连的，因此图像扫描完之后会自动存储在电脑上。

组织你的图片。记住这样一件事，用不了多久，你就会有成千上万甚至多到数不清的照片。本书第130页将介绍一些可以在一大堆照片中找到你需要的照片的方法。此外，拍摄照片和组织照片之间，间隔的时间越久，越有可能忘记所拍照片的一些主要信息。因此最好在每天拍摄完成之后，留出一点时间来对照片进行整理和排序。

编辑：编辑在摄影师的工作流程中具有两方面的含义。传统方式的编辑是把较好的照片挑出来，事实上这也是组织图片工作的一部分。工作流程应用软件可以让你为筛选出来的照片作标记，比如插一个小旗子、标上一个颜色，或者为照片评判星级，最后被选中的或者最好的照片将会被自动归在一起。

编辑照片的另一个含义是为图像的下一步工作（输出）做准备。这个层面的数码影像编辑也被称作后期处理。围绕一张照片，做一系列不同的处理，远远超出在传统暗房中的选择范围。工作流程软件可以实现绝大多数的标准图像调整操作，如裁切、旋转、改变图像尺寸，修改图像的色调、明度及饱和度等，还可以指导打印。Adobe Photoshop 也可以实现这些操作。如果想让同一个图像具有不同的用途，你需要制作该图像的不同副本。编辑工作具有自己的工作流程，参见第108页～第109页中图像编辑流程的相关内容。

输出：输出并不仅限于用打印的方式来实现，尽管目前它可能还是一般输出方式的重要方式。不过以后你可能会在笔记本电脑中向潜在客户展示照片集，或给家人发送附有图像文件的E-mail，这也是一种输出方式。此外，还可能将图片做成大型广告牌，或放在网站上，或挂在画廊的墙上等。要创建适合各种用途的图像，也需要不同的图像编辑方案。

存档：把你拍摄的作品有组织地进行存档保存。要确保所有的原始照片及其不同的衍生版本的安全，防止其发生变化、损坏或丢失，确保在需要的时候，能够快速、方便地找到每张图片。

尽管长期存放数码文件并不是一件容易的事情，甚至是一种挑战，但是相对于存储胶片来讲，它又存在诸多优势，比如数码照片具有可复制性。我们将一个文件的拷贝（或对整个硬盘的拷贝）称为备份。所有的媒体文件在面对一些众所周知的威胁（比如，偷窃、火灾和洪水）时，都会非常脆弱，但是每一种文件（无论是电子文件还是胶片）都有自身的不足，比如，有些文件不能受到灰尘、磁场、高温或振动等因素的干扰。因此，保存图片最好的方法就是多进行备份，备份的时间越早越好，或者复制多份文件并将它们存储在不同的地方。一个数码文件能够在一瞬间就被删除，删除之后，如果你没有备份，它就永远消失了。

拍摄　　　　　编辑

下载　　　　　输出

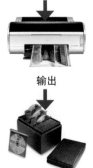

组织　　　　　存档

有两款同类型的软件集成了一位数码摄影师所需要的几乎全部工具。这两个软件分别是 Adobe Photoshop Lightroom 和苹果公司的 Aperture。这两款工作流程软件可以帮助你完成几乎所有有关图像的工作，对处理 RAW 格式的文件尤其有帮助。这两款软件可以让你进行无损编辑，以文件原有的格式保存其中的色调、白平衡等信息。这些保存后的调整只有在打印、输出（上传到网上）或用 Photoshop 打开时才会生效。利用这两款图像处理软件，你可以随时对图像进行重新编辑，并将图像保存为多个不同的版本，还不会对原始文件做任何修改。因为这两款软件保存的仅仅是你对图像的编辑命令，而不是修改后的整个文件。因此，你对图像所做的修改并不会占用更多的硬盘空间。

这两款软件都包含了完整的工作流程。当拍摄完成后，将存储卡连上电脑准备导出照片时，这两款软件会就会将照片导出到指定的文件夹中。利用这两款软件，可以对照片进行批量重命名操作，还可以为每一张照片标记等级，加入关键字和其他元数据（详见第 129 页）等。这样，你就可以利用这些标签和标签的组合对图片进行检索。利用这两款软件，还可以对每一张照片进行编辑，调整颜色、色调、锐度等，然后可以将其打印出来、上传到网上，或者制作成幻灯片。

一个工作流程应用软件也许是你需要的唯一软件，除非你还要应用一些文字处理或拼合照片的功能，或者需要在 CMYK 模式下处理图像。

Lightroom 可以让你定制自己的工作空间，显示、移动和隐藏工具条、命令条以及在 5 个工作模块中预览照片。

Aperture 可以充分利用双显示器的优势进行设置，Lightroom 同样能够实现。你可以在一个显示器上预览编辑效果，在另一个显示器上显示编辑工具以及其他照片的预览。

导入照片

当我们用数码相机拍摄时，照片被保存在存储卡里。一般情况下，特定型号的数码相机只能使用某种特定类型的存储卡，不过我们在购买存储卡时，还是可以有很多选择的。

存储卡的容量并不是越大越好。存储卡有多种不同的容量，我们在选择时，需要明确自己的拍照风格和所拍摄照片的大小。一个1200万像素的数码相机拍摄的 RAW 格式的照片，大小约为 12MB。如果将照片保存为 JPEG 格式，文件大小就会减小一半。一张 4GB 的存储卡可以存储 250 多张大小为 12MB 的照片。

如果你在水下摄影，拍摄一场婚礼或重要事件，为了避免存储卡空间不够这样的麻烦，就要尽可能使用大容量的存储卡。如果只是在平常的生活中拍照，多准备几张小容量的存储卡是比较好的选择。

根据读写数据的速度，存储卡还可以被划分为多个等级，等级越高，读写速度越快。通常情况下，最重要的是写入速度，因为它直接决定了你的连拍速度。存储卡的速度一般会以 133X 这样的方式来标称，133X 表示这张存储卡的传输速度大约为 20MB/s。还有一些存储卡会直接以 MB/s 来标识。

尽量不要将照片长时间保存在存储卡中。存储卡和相机的使用环境并不安全，经常会受到碰撞、高温和磁场的影响，因此存储卡中的照片很容易损坏和丢失。将存储卡里的照片传到电脑中，就有了一个很好的备份，不用担心照片丢失了。只有当照片进行了完整的备份，并且至少保存在了两个不同的位置之后，你才可以重新格式化存储卡。

将相机用数据线和电脑连接或者将存储卡取出来放在与之匹配的读卡器中。一些多功能读卡器可以支持 12 种不同的存储卡。和存储卡一样，读卡器也有速度之分，它直接决定了照片的下载速度。电脑可以将任何格式的文件写入到存储卡中，因此有时你也可以将存储卡作为移动硬盘来使用，在学校和家之间传输数据。

将文件从存储卡传输到电脑中的过程被称为下载或导出。在文件导出到电脑之后，最好将其重命名，同时还可以为其添加一些标准的元数据，比如版权、姓名和地址等信息，还可以将 RAW 文件转换成更常用的 DNG 格式（详见第 81 页）。Lightroom 和 Bridge 软件还支持在下载的同时为照片重命名、添加原数据，转换为 DNG 格式等。如果你使用的是 Aperture 软件，可以在 Adobe 的官网上下载到最新版的免费 DNG 转换插件。

CF卡

SD卡

MS卡

xD卡

读卡器可以帮助我们将照片传输到电脑里，大部分数码相机可以直接和电脑连接，但使用读卡器可以为相机节省电量。请确保你的读卡器和相机存储卡是兼容的。

扫描仪可以将胶片和电脑（你的数码暗房）联系起来。我们使用数码相机拍摄，然后将照片导出到电脑中进行后期编辑。但如果是胶片，则首先需要对其进行数字化。扫描仪能够解读胶片上的色彩与色调数值，或将一张照片转换为采用数码相机拍摄而成的图像所具有的像素。

扫描软件能够控制整个处理过程，能够提供很多如何扫描的操作选择。相比扫描软件，Photoshop能够提供更多的编辑工具，对图像进行更精确的调整。在图像扫描后，你还需要通过 Photoshop 对颜色和色调等做出调整。在拍摄时就把照片拍好，要比在后期对照片进行处理要好得多。同样的道理，在扫描之前，尽可能地对图像进行调整也是很有必要的。在扫描时，对曝光度、对比度以及色彩平衡进行正确的判断，可以极大地提高扫描的效果。

影响照片质量的扫描特性

光学分辨率是指扫描仪能够捕捉到的最大的像素数量，通常用两个数来表示，比如 3200×9600ppi。第一个数表示扫描仪横向扫描区域能够捕捉到的分辨率，第二个数表示扫描仪纵向扫描区域所能够捕捉到的分辨率。由于扫描仪捕捉到的像素是正方形的，因此较小的数字表示了扫描仪真正的光学分辨率。当光学分辨率超过4000ppi 时，对于图片质量的改善没有多大帮助了。

动态范围是指图像的明度范围，即图像最亮和最暗部分的差异。扫描仪的动态范围至少要达到 3.5，一般而言，幻灯片的动态范围要比负片高。如果采用 4.2 的动态范围进行扫描，扫描仪几乎能够把胶片上的所有东西都扫描下来，并且能够扫描出比原片还要好的效果。

位深度。在扫描时，至少要使每个像素具有 24 位（8 位的红色、8 位的绿色、8位的蓝色）。具有 36 位或 48 位像素的图像会具有更加精确的色调。

插值分辨率是一种采用软件来估测扫描仪能够实际捕捉到的像素模样，并产生类似的像素对图像进行插补的像素，因此这些像素并非是对真实信息的写照，当然其数量也没有光学分辨率那么多。

扫描对焦既可以自动进行，也可以手动调节，这一功能主要用于扫描变形的胶片。

锐化通常是扫描软件中的一项功能。不过 Photoshop 中的锐化功能通常要更好，因此一般扫描时最好关闭扫描软件的锐化功能，扫描完成后通过后期处理来完成锐化的过程。

多重扫描可以一次对一幅图片进行多次扫描（一般为四次或十六次）。在扫描幻灯片时，还可以用降噪技术降低暗部的噪点。多重扫描在扫描负片时并没有什么优势，这是因为负片中的暗部变成了高光区域，从而导致很难看见噪点。

有些扫描仪还有除尘功能，这一功能主要是通过一个附加的红外线通道来实现的，因为它能够探测到各种尘埃与划痕，并自动除尘、除手印以及消除其他由于扫描而所造成的划痕。这一功能或许并不能对传统的黑白胶卷或柯达彩色胶片产生切实有效的作用，但是对于大部分幻灯片、彩色负片以及显色黑白胶片来说还是非常有效的。

扫描软件是一种独立地对扫描仪进行操作的应用软件，它能够使扫描仪扫描出可以被图像处理软件打开的图像文件。有些扫描软件以插件的形式存在，它可以将扫描完成的图像直接导出到 Photoshop 中进行进一步处理。大部分扫描仪都有自带的专用软件，一些第三方扫描软件，比如，SilverFast 与 VueScan 等，则比扫描仪自带的软件具有更多的功能。

平板扫描仪的设计初衷是扫描不透明且具有反射性质的原文件（如照片），但现在，很多平板扫描仪都装备了一个透明适配器，因此用平板扫描仪扫描负片或幻灯片，效果并不比专门的胶片扫描仪差。平板扫描仪的扫描版面是由一块长方形的玻璃组成的，大部分扫描仪的尺寸为 8.5×11 英寸（信纸尺寸）或 8.5×14 英寸（通用尺寸），专业扫描仪的尺寸通常为 11×17 英寸或更大一些。平板扫描仪几乎能够对任何放置在玻璃上的物体（比如，照片、绘画、杂志页面，甚至你的手或脸等）进行数字化转换处理。

胶片扫描仪的主要功能扫描正片或负片，不能用来扫描任何不透明的文件。有些胶片扫描仪还配有进片器，可以放置一叠幻灯片。此外在价格方面，那些能够扫描中画幅或大画幅胶片的扫描仪要比只能扫描 35mm 胶片的扫描仪贵很多。

专业胶片扫描仪可以提供更高的分辨率、更深的位深度、更大的动态范围和更好的降噪效果。对于一般的学校和冲印店来说，它的价格太贵了，但是我们可以在专业的图片社中看到它的身影。

摄影师：Dionisio Gonzalez，《Paulistana Ajuntada》，摄于2006年

　　发明创造可以改变甚至创造一座城市。摄影师 Gonzdlez 拍摄了巴西政府负责拆除重建的 Sao Paulo 混乱的棚户区。通过对图片进行数字化处理，摄影师打算用插入和分割的手法，使这些受到威胁的地区具有一些现实主义的色彩。

第5章 图像处理

通过图像处理可以很简单地进行图像增强或者是完全改变一幅图像。将处理完的图片保存为和之前相同的品质，就是保存了你做的决定。数码图像更利于保存，不管多久都不会出问题。除了更换背景、调暗和调亮等一些常见的图像处理过程以外，还可以对图像进行一些其他处理，比如组合图片、增加颜色、色调分离、添加图片或文字等。实际上，我们还可以根据需要，任意创造出一幅图像。

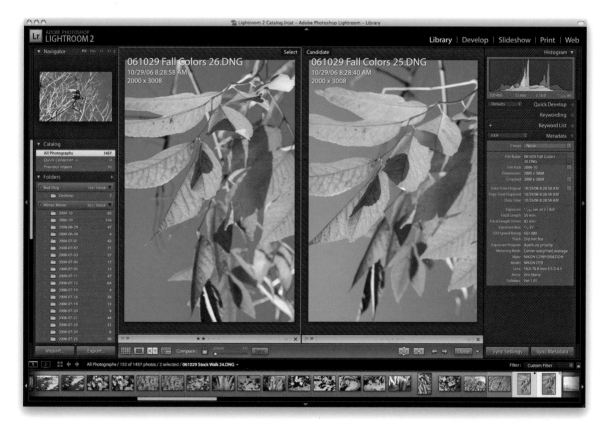

图像处理的过程就是做决定的过程。即使之前已经决定了如何对一幅图像进行处理，比如调整它的色调、参照物和颜色等，但当看到类似的图像时，也许会考虑减少对图像的操作。图像处理软件 Aperture 和 Lightroom 中，有大量的工具来对图像进行处理。对于相隔几秒钟拍摄的两幅图片，可以按相同比例对其进行放大，然后比较它们的细节，甚至可以用其中一幅的一部分代替另外一幅的相同部分。

开始数码后期处理

在电脑上打开图像处理软件。在 Adobe Photoshop 中，通过"文件 > 打开"命令打开图片，也可以在图片列表中直接打开图片。一般情况下，电脑会自动识别文件格式，用最合适的软件将其打开，也可以用 Aperture 或 Lightroom 等软件，对图片列表中需要处理的图片进行处理。

在图像处理软件中，我们通过工具和命令来处理图像。在屏幕左边有一个工具栏，里面有各种图像处理工具。转换、锐化、打印等命令则可以在屏幕上方的下拉菜单或控制面板中找到。在 Photoshop 中，还有图层和信息等面板，这些面板中还提供了其他一些工具和命令。

Photoshop 的命令菜单一般通过嵌套的方式来进行导航。点击顶端的相应菜单就会出现下拉菜单，还可以通过鼠标拖拽需要的命令图标到屏幕上。这些命令以序列的形式表示，比如图像 > 调整 > 曲线。

在对图像进行处理之前，首先要保存一个副本。在 Photoshop 中，可以通过"文件 > 另存为"命令进行操作，这样就留有了一个备份。

学着对图片进行调整。可以在屏幕中显示整幅图像，也可以用任意比例放大或缩小图像，图片展示窗口可以填满整个屏幕，也可以缩小为任何尺寸。可以让调色板、信息面板和工具栏都显示出来，也可以隐藏它们，这样可以帮助我们看见全部的图像，从而对其进行准确的调整和处理。

Lightroom 和 Aperture 软件可以支持双屏显示，我们可以将一组相近的图片或一个文件夹放在一个屏幕上，而在另一个屏幕上显示一整幅图像，也可以在两个屏幕上拼接显示一幅图像。

处理图像通常从调整图像尺寸开始。不仅可以旋转图像，还可以对图像进行剪裁。如果中途改变主意，还可以通过撤销命令来进行恢复，比如 Aperture 和 Lightroom 一次允许撤销一步操作，直到恢复到原文件，Photoshop 可以撤销任意步操作，还可以随时对原文件重新进行处理。在进行图像处理时不要犹豫，从简单的打开一幅图片到熟练使用各种工具、命令，在这个过程中可以学到许多东西。

显示器当然是越多越好。在处理图像时利用双屏显示，可以将图像和菜单、面板分开显示，这样更利于操作。

工具栏可以让我们使用其中的工具来定义图像性质，这里列出了多边形套索工具。

菜单栏列出了一些命令，这里打开了窗口菜单，通过窗口菜单可以打开不同的面板。如果屏幕看起来有些混乱，还可以将关闭一些面板。

面板中提供了各种修改图像的方法和信息，点击菜单上方靠右的图标，可以打开其他的命令。

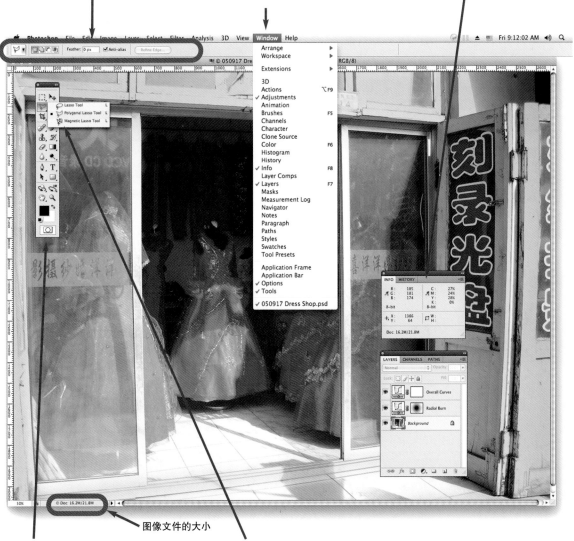

图像文件的大小

工具箱，常用的图像编辑工具都在这里。通过单击鼠标选择一个工具，就可以在屏幕上方的工具选项栏中定义它。

通过右方有箭头的工具可以找到与其相关的工具。点击其中一个工具，可以看到还有其他一些类似的工具。

插件提供了更多的功能。插件为软件增加了更多的模块，扩展了软件的功能。插件不仅可以产生边框，增添特殊的效果，还可以控制扫描仪和照相机等。许多软件公司都会发布一些插件，我们可以在网上下载到。

调整照片
色阶

色阶调整功能可以简单、快速地调整图像的色阶，主要通过复杂和强大的曲线来实现。利用灰度滑块可以调节图像的亮度，在设置了准确的色阶后，图像就会变为黑色和白色。对于中间的色阶，既可以调亮也可以调暗，特别亮或特别暗的地方就不再改变了。这是一幅黑白图像，但是在彩色图片里，在色阶调整时可以分别对每一个通道进行色彩平衡调整，比如，将红色通道的色阶滑块向左滑动，图片就会变得更红。

选择"图层 > 创建调整图层 > 色阶"命令，可以弹出一个直方图帮助我们进行色阶调整。

这幅关于森林小路的扫描图片需要更高的对比度。通过设置色调来对色阶进行调整，这对图片处理者所使用的打印机来说是很合适的。

设置和使用拾色器

在 Photoshop 中，可以通过定义特殊的黑色和白色值，来保持较亮和较暗区域的细节。Photoshop 中的参数都有一个默认值，它们很适合喷墨打印机打印图片。

打开"色阶"对话框，双击最左边的定义黑色值的取样吸管，然后会打开拾色器，将红色、绿色和蓝色的值都设置为10，这样最暗的地方也有显示出细节（如果每个颜色的值都为0，那么最暗的地方就没有细节了），单击"确定"按钮。

双击定义白色值的取样吸管，重新打开拾色

器，将红色、绿色和蓝色的值都设置为244，这样最亮的地方也会显示出细节，单击"确定"按钮。

这些值确定后，在任何图像中我们都可以快速调整亮部和暗部的值。选择吸管，单击图片中你认为合适的一个点作为最暗的值，然后用同样的方法选择一个最亮的值。

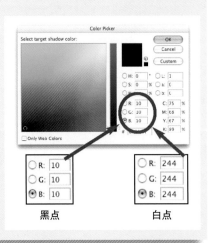

黑点　　　　　　白点

观察黑色和白色的区域

在 Photoshop 中可以观察到图片最亮和最暗的区域，因此可以确定在哪个区域使用吸管工具。

打开一幅图片，然后打开"色阶"对话框，移动"亮度"滑块，最亮的像素点最先出现，无论在任何位置，滑块最右边的像素都是白色的，最左边是黑色的，然后通过移动"阴影"滑块使黑色的像素点显示出来。

将滑块停留在任意位置并保持不动，可以准确看到哪些像素是黑色的，哪些是白色的。

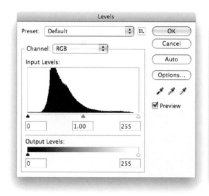 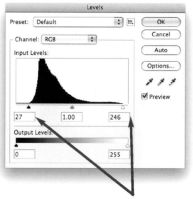 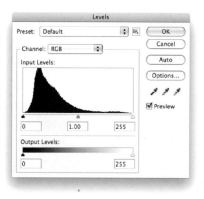

灰度直方图显示，图片的色调并没有分布在整个色阶坐标中（0 到 255）。直方图右边的空白区域表示，如果不进行调整，暗部会太亮，而亮部则会太暗。

"色阶"对话框中显示出灰度直方图，同时提供了调整图片的工具。左侧滑块设置黑色值，右侧滑块设置白色值，移动它们到坐标的两端，使暗部接近黑色，亮部接近白色。调整中间滑块的位置，会使灰度处于中间的部分变得更亮或更暗，单击"确定"按钮将这些调整应用于图片。

这是在经过之前的操作后，得到最终图像的直方图。可以看到，色调在从纯白到纯黑的整个坐标系中都有分布。对于彩色图片，可以分别对红色、绿色和蓝色三个通道的灰度值进行调整，分别调整中间的滑块会改变整幅图片的色彩平衡。

摄影师：Tom Tarnowski，《乔治亚州的坎伯兰郡岛》，摄于2001年

调整照片
曲线

通过曲线可以更直观地调整图片的色阶和颜色。通过"图层 > 新建调整图层 > 曲线"命令,打开"曲线"对话框,其中有一个方形坐标和对角线。横轴代表输入,纵轴代表输出,左下代表暗部,右上代表亮部,正中心代表 128/128,表示中灰色,斜率为 45 度的直线代表输入图像和输出图像是一致的。

可以在这条直线上任意设置一个调整点,然后移动它,直线变为通过这个点的平滑曲线。如果单击中值点,然后移动它到 128/140,中值点处的值会变大,在曲线上的任何一个输出也都将会变大,整幅图像会变亮。看一下本页最上边的图,中间值是偏离对角线最远,其他区域的偏离值成比例减小。

曲线的形状代表了图片的对比度,如果曲线较陡,表示图片的对比度较高,曲线较缓,表示图片的对比度较低。如果要增加图片中某一部分的对比度,那么必须减小其他部分的对比度。

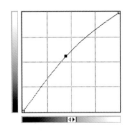

向上调整曲线,使整个图片变亮,中灰调变化最大。

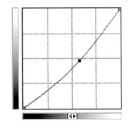

向下调整曲线,使整个图片变暗,非常暗的区域变化不明显。

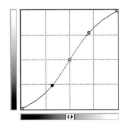

S 形的曲线使图片中亮部更亮,暗部更暗,从而提高了图片的对比度。

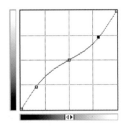

S 形的曲线使亮部变暗,暗部变亮,从而减小了图片的对比度。

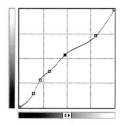

可以在曲线上添加一些点来对图像的色调进行精确调整。

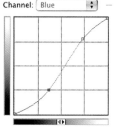

每一个通道的曲线图可以分别进行调整。这里，蓝色通道中亮部更亮，暗部更暗，红色和绿色通道中的曲线保持不变。

减少蓝色就相当于增加黄色，在这棵绿色树上的阴影部分表现得更加明显。

实际操作中，很小的调整就会带来很有用的效果。

摄影师：Lawrence Mc Farland，《农场的入口》，2002年摄于意大利

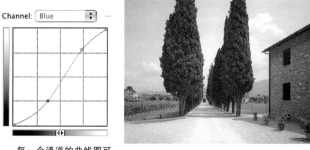

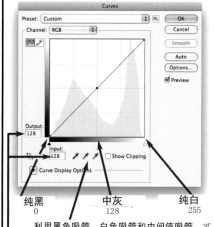

纯黑　　　　中灰　　　　纯白
0　　　　　128　　　　255

利用黑色吸管、白色吸管和中间值吸管，可以很方便、快捷、精确地对图片进行一些重要的调整。

在曲线上增加一些点时，可以显示出精确的输入值和输出值。

调整照片的局部区域
选择工具

选择图像中的某一块区域后，你就可以对其进行编辑操作了。你可以选区图像中的所有像素，也可以仅选中一个像素。选择区域时，既可以按照正规的几何形状（比如正方形）来选取，也可以沿着图像中物体（比如一只鸟）的轮廓来选取。所选区域既可以是一个整体，也可以是分开的几个部分。要注意的是，在一张图像中，我们除了全选或全不选以外，还可以任意选择需要的像素。Lightroom 和 Photoshop 都允许对选区进行调整，而 Aperture 只允许对整个图像进行调整。

图像中被选中的区域就像一个单独的图像。我们可以单独提高或降低其亮度，调整其色彩或对比度，还可以将它放大或缩小，旋转或扭曲，甚至还可以将它移植到同一张图像的另一部分或另外一张图像中。此外，选取图像是拼合图像或进行构图与调整图像中某一区域的首要步骤。

选区本身也可以编辑。可以对其进行扩大、缩小、羽化等操作。反向选择会改变选区，选择之前未选中的所有区域。Photoshop 可以将选区单独保存为一个文件，便于之后的撤销、重新加载等操作。Photoshop 中有很多不同的工具，可供选择和改变选区，因为它是图像处理过程中非常重要的一个环节。

调整将只限于选定的区域。比如，如果你选择一个区域，然后调整色阶，这个操作只会对选定的区域起作用。选区中的部分像素（比如那些羽化边缘的像素点）将会有一部分被调整。当需要仅对选定的区域调整，并且之后还要对进行调整时，最好能够建立一个调整图层。

选中图像中的物体后，可以单独对其色调进行调整。一旦照片左部的整体颜色和色调看上去不错，图像中间的玻璃器皿则会显得太暗，并且还有偏色。

利用套索工具沿着对象的轮廓进行选择后，对选区进行单独的曲线调整，可以使其更加引人注目。

可以通过反选，选择图像中的背景。一旦背景被选中，其所有的特征，包括颜色等，都会在下一步的操作中发生改变。这种方法经常被用到，尤其是在需要抠图时。

工具栏中展示了选择工具和相应选项。

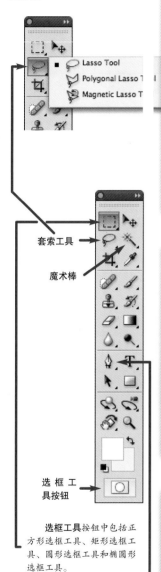

套索工具

魔术棒

选框工具按钮

选框工具按钮中包括正方形选框工具、矩形选框工具、圆形选框工具和椭圆形选框工具。

钢笔工具可以用来进行平滑和精确的勾勒，是图像处理软件中主要的描绘工具。它使用起来没有其他选择工具那么直观，并且上手难度要稍微大一些。

使用套索工具好比用铅笔来画画。 使用鼠标控制套索工具来进行选取可能略显笨拙，如果你需要完成大量的修改工作，那么可以使用绘图板来辅助完成。

套索工具选项：
增加新选区

添加到选区　从选区减去　与选区交叉

使用套索工具，勾勒出你要选择的区域。 在整个选取过程中，你必须按住鼠标按钮不放。如果在没有完成前，你就松开了鼠标按键，那么

Photoshop 会自动在套索的起点和终点间以一条直线来相连。还可以对选区进行修改操作，包括增加选区、减少选区等。

魔术棒通过颜色来选择像素。 对于背景相对单一，或者前景和背景颜色对比强烈的图像，尤其适用。

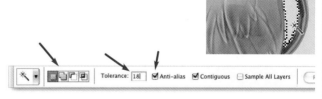

在某些情况下，**用魔术棒工具进行选取要比用画图工具进行选取要快很多。** 用魔术棒点击某个像素后，该像素周围所有与其颜色相同的像素都会被同时选中。工具栏中的容差（与

样本颜色或色值的差距）设置选项非常重要，通过它可以设置将被选中的像素范围。此外，还可以调整样本的尺寸。

在快速蒙版模式下， 可以用画笔工具生成或修改选区。

快速蒙版将选区改变为蒙版， 就像用一块玻璃蒙在照片上，然后用不透明的涂料在玻璃上进行涂抹（蒙版通常显示为红色）。你可以用画笔工具，比如铅笔、油漆桶等改变蒙版的

形状，然后切换回选区模式。蒙版和其他工具搭配使用会更加有效。在蒙版模式下，用白色涂抹，会增加蒙版面积，用黑色涂抹，会减小蒙版面积。

其他编辑工具

图层

图层可以算得上是 Photoshop 最突出的特征了。在图像上添加图层，就好比将一块透明玻璃放到照片上。在图层上进行绘画，可以优化其下方的图像，但是将图层去掉后，还是会得到原先的图像。在同一张图像上，可以添加多个图层，这些图层都可以单独进行编辑和移动。

图层使图像合成更加容易，利用图层可以将多张图像中的元素组合在同一张图像中。图像的每一部分都可以放在一个单独的图层中，图层可以随意移动和更改，直到得到最终需要的图像（详见第106页~第109页）。

使用曲线、色阶等工具，可以对图层进行调整，改变其色调，从而无需对原始图像进行更改。使用"图层 > 新建调整层"命令，可以对图层进行任意修改，这个操作也可以在 Aperture 和 Lightroom 等工作流程软件中进行。当图像编辑完成后，比如，需要打印时，你可以合并所有图层，永久保存对图像所做的更改，但最好还是要保存一份没有合并图层的备份文件。

使用色阶、曲线等工具调整图像，当应用这些更改时，图像处理软件会丢掉一部分图像的信息。比如，在你调暗一张图像后，你还想让它更暗一些，则图像会丢失更多的信息。没进行一次更改，图像的质量都会有所下降。

使用调整层可以避免上述问题。你所进行的修改都是基于调整层，不会改变原始文件，除非你对图层进行了合并。用这种方法，可以在保存对图像所有的更改的同时，不丢失图像的原有信息。

Photoshop 中引入了智能滤镜，并将其加入到非破坏性调整滤镜列表中。这类滤镜最重要的特点是锐化，你可以为每一次不同的输出对图像进行更改。

对这张图像的所有调整都在两个图层内完成。第一个图层使部分区域变亮，其余区域变暗。

单击"图层 > 新建 > 图层"命令，会弹出"新建图层"对话框，在其中的"模式"下拉列表中，选择"叠加"选项，然后勾选"填充叠加中性色"复选框，单击"确定"按钮。正常状态下，我们是看不见新建的叠加图层的，除非单击"图层"面板中背景图层前的眼睛标志，使背景不可见。即使新建的中灰调整图层不可见，你也可以用相关的工具调整其明暗度，从而可以使其下方的原始图层的明暗度产生变化。利用这种方法，使左上角的天空逐渐变暗。

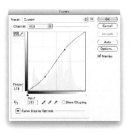

第二个图层是曲线调整层，用来增加图像的对比度。每个新增的图层都只会影响其下方的图层。

摄影师：Peter Vanderwarker，《Peter B. Lewis Building, Case Weatherhead School of Management》，2003年摄于Cleveland, Ohio

镜的使用可以为数码影像创造各种特殊效果。滤镜的名称通常可以对滤镜的效果有一定的描述，比如，画笔描边、扭曲和燃烧的边缘等。如果你觉得图像处理软件中内置的滤镜不够用，还有许多第三方开发的插件。

"滤镜"菜单中有多种不同滤镜可供选择使用。单击"滤镜 > 滤镜库"命令，可以对各种滤镜的效果进行预览。每一种滤镜都有几种参数可供设置，比如，染色玻璃滤镜中可以为单元格大小、边框粗细、光照强度等设置不同的值。单击"滤镜 > 转换为智能滤镜"命令，还可以有无数种不同的选择和变化。

要注意，使用滤镜时应该要经过充分的考虑，并且不能滥用。可以把滤镜比喻为糖果，虽然好吃有人，但是吃多了对人体没有一点好处。这些特殊的滤镜效果同时也被千百万 Photoshop 软件用户所掌握，随意使用的结果随处可见，这样会使照片变得老套无聊。

原始照片

滤镜的效果非常有趣，而且往往出人意料。右上图是原始照片，下面是经过不同滤镜处理后会形成不同的效果。

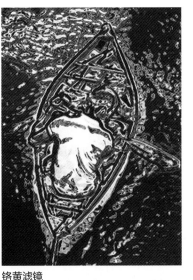

铬黄滤镜

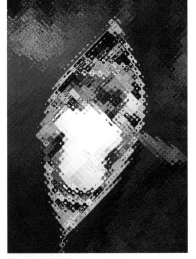

染色玻璃滤镜

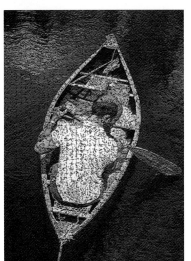

龟裂缝滤镜

邮票滤镜

水彩画纸滤镜

 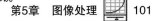

其他编辑工具
修描润色

照片的数字化处理流程能够解决很多照片的缺陷问题。在感光元件上有灰尘时，需要对这些在拍摄过程中产生的缺陷加以掩盖和修饰。扫描时需要加倍小心，因为在扫描过程中很难确保胶片或照片（包括扫描仪本身）完全干净整洁。

通过后期处理的手段"改善"照片中人物的肤色常被称为润饰。无论出于何种原因，修描以后都要进行保存。在 Photoshop 中，如果已经保存了副本，可以直接在背景层上进行小面积修描。如需进行大面积修描，则最好能够新建一个复制层进行调整。单击"图层 > 复制图层"命令，在新图层上进行修改。

有很多种工具可以用来修复损坏的照片或去掉不必要的斑点和划痕，比如，仿制图章、修复画笔、涂抹、焦点、色调和海绵等工具，以及各种修补工具。在开始修复前，首先需要调整图像的对比度和亮度，如果是彩色照片，还需要调整其色彩平衡。

当相机的感光元件上有灰尘时，会在拍摄的每一张图像中的相同位置都留下痕迹，此时使用 Lightroom、Aperture 和修描工具非常有用。利用 Aperture 中的提取与图章功能和 Lightroom 的中的同步功能，可以直接将一张图像中的修描操作应用到其他一系列图像中。

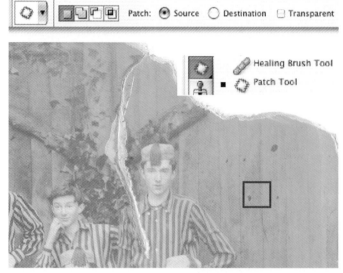

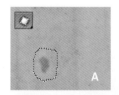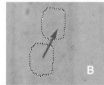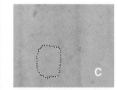

从工具栏中选择**修补工具**（可能在修复画笔工具后面）。在工具选项条中选择"源"单选钮，在需要修复区域周围画圈并选中它（A），把所选区域拖到一块具有相同颜色和纹理的未损坏区域（B），未损坏区域的像素会和所选区域的像素合并，形成一幅看上去很自然的修复后图像（C）。

为了得到最好的修复效果，修复时最好要小心翼翼。最好在新建图层中进行编辑以保护原始图像。这张损坏、褪色的老照片是在跳蚤市场找到的，我们将其扫描后还进行了充分的修复，恢复了其该有的原始样貌。利用曲线进行调整，使图像色调大致恢复到未褪色前的状态。在修复右上角破损较大的区域时，有一些绘画技巧会使工作事半功倍，关键在于如何将图像中完好的相似区域复制到破损区域。

摄影师：Michael Schäfer，《Aufzug(HGB)》，摄于2002年

　　图像在经过处理后可能会带来奇迹。这张图像中，摄影师去掉了电梯镜子里他和相机的所有痕迹，从而得到了一张超现实主义的图像。

其他编辑工具

锐化

锐化能够改善大多数数码图像。对于绝大多数数码照片来说，锐化是非常重要的一个调整步骤，通常在打印前进行。一般而言，相对于扫描胶片后得到的数码图像，用数码相机直接拍摄的图像需要更多的锐化。JPEG 格式的图像在相机拍摄过程中就会完成锐化的过程，TIFF 和 RAW 格式的图像需要在后期通过图像处理软件来进行锐化。

到底需要多少锐化，最佳效果取决于许多因素，其中之一是用于特定输出的分辨率。如果只是要把图像传到网上或打印出来（或用同一个图像文件打印不同尺寸的照片），最好不要将锐化永久应用于图像。如果你用的是工作流程软件或 Photoshop，在每次输出前，都可以对锐化进行相应调整。对于较低版本的 Photoshop，需要手动保存未锐化的版本。

USM 锐化来自于传统的暗房摄影，主要用来锐化图像的边缘的。用 USM 锐化可以快速调整图像边缘细节的对比度，并在边缘的两侧生成一条亮线和一条暗线，使图像整体更加清晰。

锐化工具和滤镜能够识别变化的区域，比如，从暗到亮，或从红变黄的分界线，即通常我们眼睛看到的边缘。锐化工具和滤镜能够然后夸大的这种变化。使接近亮部的暗像素变得更暗，反之亦然，在需要增强锐度的边缘创造出一种微妙的光晕效果。

根据输出类型进行锐化。通常情况下，要打印较大幅面的图像，需要较高的输出分辨率，也许要更多的增加图像的锐度。从打印方式来说，采用胶版印刷和喷墨打印对图像的锐度要求是不同的。从打印纸张来说，相对于光面纸，用非涂层纸和亚光纸打印，图像的锐度最好能低一些。检查锐化效果的

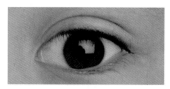

所有通过扫描和数码相机拍摄的图像都需要进行锐化。USM 锐化可以增加相邻不同色调像素间的差异，使图像看上去更锐利。

使用正确的锐化参数，可以使图像的边缘和细节更加清晰。不同的图像，不同的用途需要的锐化参数各不相同。

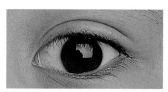

锐化过度和锐化不足一样糟糕。当图像的良好细节周围出现了明显的光晕，这就意味着锐化过度了。在电脑屏幕中预览图像时，最好以 100% 放大比率查看。

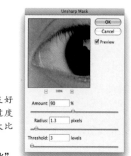

在 Photoshop 中，单击"滤镜 > 锐化 >USM 锐化"命令。 在弹出的"USM 锐化"对话框中有"数量"、"半径"和"阈值"三个滑块。调整滑块的位置，就可以在对话框中预览图像调整后的效果。

Aperture 中也有类似的阈值和半径调节选项，对图像边缘的锐化，有单独的控制选项。Lightroom 中除了有"数量"、"半径"和"细节"三个调整滑块以外，还有"蒙版"调整滑块，主要用于对图像边缘进行锐化。

时候，显示器显示图像应为 100% 显示（1:1 显示），建议按照所选打印设备和打印用纸先打印出样片。

对于用数码相机拍摄的照片，一些摄影师比较喜欢通过两个步骤来完成锐化的过程：首先，输入时，基于特定型号的相机的进行锐化；然后，输出时，基于拍摄对象和选择进行锐化。

根据图像内容进行锐化。自然风景照片和城市景观照片所需的锐化处理应该是不同的。一张肖像照片所需的锐化方式和一张森林景观照片所需的锐化方式也不一样。肖像照片中的人物面部皮肤是一个需要特殊处理的地方，因为锐化可以强化皮肤的纹理质感甚至是瑕疵，这样的效果是不受欢迎的。对于肖像照片的锐化而言，可以把锐化半径值提高，而把数量百分比降低，或是只锐化红色通道（RGB 模式）或黑色通道（CMYK 模式）。Photoshop 软件中的高反差保留滤镜对于避免过于突兀的锐化效果很有用。你可以结合使用蒙版图层，精确控制需要处理的图像区域。还有一些手动锐化的方法，比如使用画笔工具选中眼睛和头发部分，保留面部区域不受锐化处理的影响。

摄影师: Jim Scherer, 《叉子和辣椒》, 摄于2006年

　　当图像中的失焦区域非常重要时, 进行锐化操作就要非常小心了。摄影师 Scherer 希望能够突出失焦区域, 他将羽化边缘的选区作为蒙版, 单独对图像中央的两片辣椒进行锐化。对数码照片中的失焦区域进行锐化, 有可能会在图像中增加噪点和颗粒。

其他编辑工具

拼接合成

Photoshop 软件是为图像的拼接合成而设计的。利用这种软件可以创造出非现实的空间或把不可能的情景组合起来，这类图像已经密切地和数码影像结合，并且被应用于我们随处可见的广告作品中。使用传统摄影技术实现此类图像拼合工作（把多种来源的图像组合起来）并非不可能，只是难度相当大，而且非常耗时。

即使是利用电脑来合成图像，也需要下一番苦功。花一些时间来学习使用各种工具，这并不是多大的挑战。更主要的是，要在合成前，预先考虑好如何才能使各部分在合成后看上去更自然，即像真的一样，这不仅需要勤学苦练，还需要清醒的头脑和对细节的重视。

图像合成最重要的是，合成前各部分的照明情况要一致。如果你在阳光下拍摄了一张人像，然后将其合成到多云的风景照中，这样的合成的照片看上去就不合情理。即使没有人能够准确说出其中的问题，但这样的照片会让人看上去感觉总是有那么一点别扭。

当你把不同图像中的元素收集起来后，集中显示所有的图像。当你同时打开多个不同的图像文件时，如果仍想看到工具栏和操作面板，准备一台大尺寸的显示器（或两台显示器）会很有必要。信息面板中会提供有用的图像尺寸信息，用于帮助你精确地控制不同元素图像的尺寸，标尺会显示在图像窗口的两侧。确保每个元素图像位于单独的图层，你可以对每个图层分别使用调节图层（详见第100页），这样不会影响其他图层。

摄影师：Francis Frith，《Hascombe, Surrey, c.》，摄于1880年

这是一张合成的老照片，摄影师 Francis Frith 从其他照片中剪了马车部分和它的阴影，粘到这张19世纪的英国风景照中，马车的阴影清晰可见，整个合成后的照片看上去非常逼真。

摄影师：JULIEANNE KOST，《均衡平衡》，摄于2007 年

为了创作这样一幅超现实主义蒙太奇作品，摄影师 Kost 把一幅蜡画扫描出来，并在此基础上使用数码风景照片和质地素材照片进行影像合成创作。

"均衡平衡"是用来描述两种媒介之间物体的平衡概念的。科学家用这个词来描述漂浮在水面的冰山一部分露在空气中，同时还有一部分隐没在水中的情况。

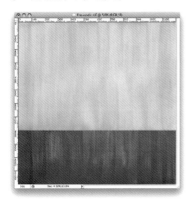

摄影师 Kost 开始扫描她自己创作的蜡画，然后用蒙版使其边缘变暗。处理时，她将每一个元素和对其的操作都保持在相互独立的图层中，并且修饰了它们之间的接缝。这样可以为之后更复杂的操作提供方便。

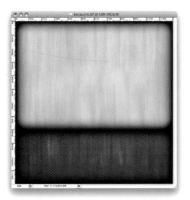

云彩来自于这张图像，需要用蒙版将除云彩以外的谷仓、树、前景和背景等都隐藏起来。

风景是在单独的图层中，用蒙版使其边缘融入到背景中。蒙版可以用红色或黑白色。

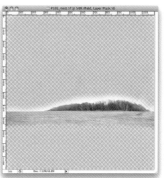

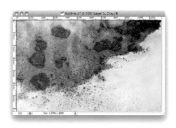

最后一步是添加 3 张其他的照片，即条纹锈斑，微距拍摄的纸张纹理照片以及气泡照片。先调节色彩和色调，然后把每张照片作为单独图层添加进去。每个图层的不透明度（与透明度相反）也可以单独调节；将每个图层的不透明度下调 30%，这样就可以创造出这种独特质地的效果了。

后期处理工作流程

下面是利用 Photoshop 完成数码图像处理的大致步骤。

1 打开文件并保存一个副本。利用菜单中的"文件 > 另存为"命令保存副本，并给这个将要操作的文件重新命名。

2 旋转并且裁切图像，这样你将会得到想要的图像的精确边缘。

3 必要情况下对图像进行缩放。这将会帮助你了解在制作杂志封面或海报、进行 Web 展示时使用图片，并了解文件的大小和需要的分辨率。

4 修描润色（详见第 102 页），去除灰尘、划痕或斑点。一般情况下，扫描的图像比利用数码相机直接拍摄的图像更需要修饰。

5 添加一个色阶或曲线调整层。调整影调和颜色（详见第 94 页 ~ 第 97 页）。在以后的操作中，利用调整层将能够对图像进行更多的修改。首先对图像进行大致的调整，然后再进行局部仔细微调。

6 进行其他的全局调整。曲线调整层能够在不影响图像颜色的前提下调整色调和对比度。色调 / 饱和度调整层可以减少某些扫描图像或数码相机拍摄的照片中的色彩偏差。

7 进行局部调整。整体调整完毕后，图像中的个别区域还需要单独进行调整。选择特定的区域，在该区域添加一个调整层（详见第 97 页 ~ 第 100 页）。选区和调整层都可以被编辑。请按需

要添加尽可能多的单独调整区。要注意，每次添加调整层都会增加文件的大小，并延长图像处理的时间。

8 锐化背景层。如果希望用图像完成不同的应用，或者以不同的大小打印图像，请保存一个所有层都未进行锐化的文件，并且在每次使用前锐化一个副本。

9 羽化样本并打印图像（详见第 116 页）。先打印一张试试看，看看还有没有要调整的地方。

10 进行最后的调整，做最后一次打印预览，并且保存最终的文件版本。

这张来自摄影师 Mark Klett 的大画幅彩色原始扫描图像看起来效果非常好，但是要获得非常漂亮的打印效果，仍然还需要进行很多工作。

曲线层对于图像的色调和颜色做了初步的和最有意义的改变。它设置了黑色和白色点以及整个图像的色彩平衡。

亮度通过另外一个曲线图层进行调整，但是需要将图层模式从"正常"设置为"亮光"。这个图层可用于对色调和对比度进行微调，而不改变整个图像色彩平衡。

图层模式的转化，可以通过图层面板上的选项来实现。

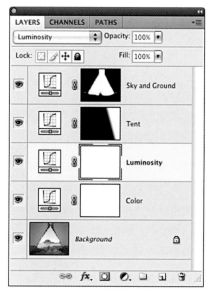

图层面板中每一个图层都有自己的名字、代表图层类型的图标，以及图层蒙版的小图像。

利用另一个曲线图层使选区变得更亮。选取被转换为一个图层蒙版，并作为一个通道被保存在通道面板中（详见第84页）。

摄影师 Klett 还调亮了帐篷的右边和地板的一部分。

摄影师：Mark Klett，《从帐篷内看Pyramid湖》，2000年9月16日上午7:45摄于内华达州

最后的调整层是色调/饱和度，通过图层蒙版去调整帐篷外的陆地、水域和天空。增加了黄色和蓝色的色彩饱和度，加深了天空，着重强调清晨的阳光。

后期处理相关的道德和版权问题

仅仅是因为你能够改变一幅图像，你将会做什么呢？数字化的方法没有从根本上改变摄影学的法律法规和伦理道德，但使亵渎它们却变得容易许多。每个人都能对图像进行非常大的修改，并且这种修改经常是无法察觉的，因此人们对数字化的图像处理技术一直存在着争论。

摄影是不是失去了它精确反映现实的荣誉了呢？1982年美国《国家地理》杂志的一张封面中，金字塔的位置用图像处理软件移动了，为的是使它很好地适应封面的风格。当时就有一些读者提出了反对，认为这种修改是"反动性的配置"。实际上它有什么不同吗？杂志已经忽略了这种惯例。

摄影记者通常要按照公正严格的法律来考虑图像的修改。一般来说，他们认为变亮或者变暗部分图像是可以接受的。但是，许多报纸不允许使用数字化的编辑技术对图像进行合成。

广告商对于处理插图经常会有非常大的灵活性。我们已经开始接受了广告的夸大，只要产品没有被错误宣传。很少有人会反对这些修改的图像，广告商甚至不用提及图像的修改。但如果这是一个新闻故事，在没有解释的情况下，修改过的图片会被接受吗？

时尚广告中的图像通常都经过了处理，为的是使模特看上去更瘦一些。这些理想化的图像是不是导致了许多混乱？

专业摄影师需要考虑资金问题。当你对某张照片做了一些处理，并且可以卖出一个好价钱时，如果此时有人没有经过你允许就使用了你的照片，你肯定会认为他在剽窃。在所有的图像都可以轻松实现数字化的时代，你如何保护自己的版权？当图像离开你之后，它能够被下载，扫描或者修改，然后插入到出版物中，对于别人使用你的工作成果，你怎样收取酬金？如果有人在没有得到允许或付费的情况下，用了你的摄像作品，你会接受吗？一个个侵犯版权的案例，促使法律不断地在进行修改。每一个新的侵犯版权的诉讼都会使立法上更进一步，但是目前在版权保护方面仍然存在很多问题。

拍摄这张照片时，有一个摄影记者当时并不在现场。这张照片中最右侧的那个人实际上是后来通过技术手段替换上去的。

摄影师：Matthew Brady，《谢尔曼和他的团队》，摄于1865年

这张广泛流传的照片拍摄于在美国内战刚结束不久，照片的最右侧是 Francis P. Blair 将军。实际上，他当时并不在场，摄影师 Brady 后来单独为他进行补拍，通过重新合成而制作了这张照片。

数字化编辑在健康的艺术界也产生了许多道德问题。从杂志上扫描或者从因特网上下载一幅图像，然后通过数字化编辑手段将其整个或者部分插入到自己的作品中非常容易。版权盗用问题如今已经相当普遍，经常会看到有人为此闹上法庭。

版权法保护版权也有一些例外，比如教育，即用于教育目的是被允许的。但是如果你用别人的照片到美术馆去销售，或者把它发布到你的网站上，你就侵权了。

版权应该受到保护，这是毫无争议的，而且并不复杂，但是什么该被保护，什么又不该被保护，这之间的界限可能并不明显。在美国，只要你制作了摄像作品，它们就会被版权法所保护，如果你通过政府注册了版权，这种保护将会更强。为了合法的使用你的摄像作品，使用人必须要经过你的允许，并且你还可以通过商谈收取一定的版税。发布在网上的许多图片都被定义为"免版税"的，但是这并不意味着它们能够在没有授权的情况下去使用。版权管理意思是版权拥有者可明确规定图像的使用范围，比如，一本英文小说的封底图片中已注明"仅限于在南美地区销售"。

一些特殊属性的作品，比如已超过版权保护期的作品，都被认为是共有的，可以在没有授权的情况下使用。

摄影师：Joan Fontcuberta，《合影》，摄于1997年

许多 Fontcuberta 的作品都篡改了现实。为了这张照片，他专门策划了一次展览，并捏造了一长串的故事，说一名俄国宇航员在执行一次航天任务时，在太空失踪了，并且苏联当局掩盖了这一事实。

第一张是真实的影像，Fontcuberta 在其基础上添加了一个宇航员进去。他对外界大肆宣传，称第二张是真实的原始影像，苏联政府为了掩盖宇航员失踪的事实，对照片进行了处理，去掉了其中宇航员，从而得到上图所示的照片。有故事，有照片，听上去、看上去都如此得真实，当时确实迷惑了很多人，以至于这个展览遭到了俄国大使的抗议。现在看来，无论现实怎样，你都能通过 Photoshop 让它成真。

摄影师：TEUN Hocks，《Unititled》，摄于2000年

荷兰艺术家 Hocks 首先制作了草图，然后加入了一些戏剧性的点缀，这些点缀起到了关键性的作用。在精彩瞬间被捕获以后，Hocks 将其打印成很大的黑白照片，然后利用透明的油画颜料加以描绘。

第6章 打印输出和展示

拍**摄和浏览照片可以带给我们很多快乐，**有些情况下我们需要将照片打印出来。将拍摄的照片打印出来以后，你可以将其展示在墙上、美术馆或者其他位置，还可以把照片的电子邮件通过电子邮件发送给朋友或者上传到网上。完成和发布一幅作品非常重要，因为这会告诉观看者，你的作品是值得他们注意的。

摄影师：Jason DeMarte，《购物季》，摄于2007年

这张狼的照片是一个冬天的假日在一座山上拍摄的。几天后，暴雪覆盖了所有的道路，摄影师 DeMarte 只有步行去市场购物，期间买下了图中的这块肉。后来，DeMarte 偶然间把肉和狼的照片放在一起，成就了上图这幅作品，看上去这两者似乎本来就该是在一起的。

打印机和驱动程序

拿着刚打印的照片，此时一定会感觉非常欣喜。虽然在之前的准备过程中，你多次看到过照片的效果，但是在照片打印出来的那一刹那，你还是会感到激动不已。照片最终打印出来的效果，不仅取决于你的拍摄技术，很大程度上还由你选择的打印机、相纸和墨来决定。

照片的输出尺寸会受到打印机输出口宽度的影响。一般而言，普通的桌面打印机最大输出尺寸为8.5 英寸（约 21.59 厘米）或 13 英寸（约 33.02 厘米）。

喷墨打印机

喷墨打印机应用广泛、价格低廉，并且还可以打印多种尺寸的照片。一些新型号的喷墨打印机打印出来的照片不仅图像锐利、色彩丰富、保存时间长，而且打印的成本也不高。

还有一种宽幅喷墨打印机，它可以打印 2 英寸、4 英寸或 6 英寸的照片，但是这种打印机的价格较高，需要时你可以到学校或专门的图片社打印。

摄影师：Peggy Ann Jones，《面纱计划》，摄于2005 年

摄影师 Jones 采用宽幅喷墨打印机将图像直接打印在布料上（所有的作品用于画廊展示），然后将打印的布料缝到一块挂在天花板上并且底部绑有石头的大布上。大布的影子映射到墙面、地板和天花板上，并且大布与影子会一起随着空气的流动而晃动。当观众走过时，会感觉所有的一切好像突然有了生命一般。

彩色喷墨打印机打印出的照片色调过渡平滑、色彩精细，但是比较容易褪色，而且所能使用的打印机、纸张和墨都很有限。

照片激光打印机主要采用传统湿印处理的相纸来制作数码照片。照片激光打印机通过激光曝光相纸（通常为 50 英寸宽的彩色相纸），然后将相纸直接通过打印机的纸张输送卷轴送入打印机内部。最后，打印机会输出色调平滑、质量较高的数码照片。不过照片激光打印机（Lightlet 与 Lambda 是两个比较有名的照片激光打印机品牌）体积较大、价格昂贵，一般只能在专业的色彩实验室和图片社才能看见。

打印机需要驱动程序才能正常工作。驱动程序实际上是一种软件，它可以读出图像中的像素，然后告诉打印机如何喷墨、蒸发色彩、控制光线等。随打印机提供的驱动程序必须安装在连接打印机的电脑中。驱动程序也需要升级，可以通过访问打印机厂商的官方网站来检查是否有更新，以确保打印机的驱动程序是最新的。

也有一些实验室会使用 RIP 软件来代替驱动程序，不过它需要单独购买。通过 RIP 软件，可以将很多小尺寸的图像统一打印到一张大尺寸的纸上。

PPI 与 DPI

PPI(Pixels per inch)：用来衡量具有物理尺寸的图像的分辨率，如打印机、显示器等。详见第 59 页。

DPI（Dots per inch）：用来衡量打印机的分辨率。用于表示喷墨打印机等设备将像素转换为墨点的能力。

理论上讲，DPI 越大，图像质量越好。但这也不是绝对的，DPI 越大，打印一张照片耗时就越长，耗墨也越多。

很多时候，可能根本就不需要用最高的 DPI 来打印。我们所能欣赏到的图片的质量受到视力、观察的距离、纸张的纹理，以及打印输出方式（打印机产生的墨点的大小）等诸多方面的限制。最实用的方式是，用不同的 DPI 分别打印出多张图像，然后找到最合适你的打印机的 DPI，以后就用此 DPI 进行打印即可。

纸张生产商为我们提供了多种选择。喷墨打印机是家庭和学校最常选用的，打印机生产商会为他们提供OEM（原始设备提供商）纸张，这些纸张能很好地和打印机配合使用。你也可以根据自己的需求和预算来选择合适的纸张。一般而言，纸张生产商的官方网站上会有它们的产品介绍，这些纸张也能很好地兼容常用的打印机。

纸张的明度和白度各异，通常用从1到100的反射比来表示。白度越高，纸张看上去就越亮，化学药剂在纸张上的着色效果就越好。但随着时间的消逝，白度较高的纸会逐渐变暗。如果照片需要长时间保存，请使用不含增白剂的纸张。

用于喷墨打印的相纸有点类似于传统的暗房相纸，成分中有纤维和树脂涂层。棉质纤维纸由于化学性质比较稳定，所以保存时间较长，这方面要优于木浆纸。纸张上的涂层能够使油墨直接渗透到纸张的纤维中。树脂涂层实际为纸张添加了一层塑料粘合剂。一些喷墨"纸"甚至可以是全塑的。大多数纸张销售商会提供样品供购买者试用，在决定大量购入某一种纸之前，这些样品很值得试用。

喷墨打印机的墨盒装有油墨或墨粉，一般而言，一种打印机只能用其中的一种墨。墨粉能提供很宽的色域、用它打印出的照片色彩生动，但易于褪色。因此，多数专业摄影师会选择使用油墨打印机。

用油墨打印的照片要比用墨粉打印的照片更不易褪色。照片的持久性不仅取决于打印时墨与纸组合，也取决于存储和展示的条件。相对而言，用油墨打印的照片在异光源色度差方面要差一些，用它打印出的照片在不同光照环境下颜色会不一致，不过现在的打印机在设计上已基本解决了这个问题。

原厂油墨最不容易出现问题，但其价格较高，因此许多人会选择第三方品牌的墨盒。要记住，即使是更换墨盒，也同样需要调整输出配置文件（详见第82页、第116页）。

如果仅需要打印黑白照片，可以使用只有黑色和几种灰色的墨盒来代替彩色墨盒。这样打印出来的照片要比使用彩色油墨打印出来的照片更平滑、更自然，保存时间也更长。

纸张的品种非常丰富，尺寸、外观、颜色、纹理和重量等可以各不相同。喷墨打印机专用纸张可以吸收油墨而不会使其外渗。当然，也可以使用其他类型的纸张，但在使用前需要做好测试，看是否适用。此外，还可以将照片打印在自粘标签、纺织品、金属纸甚至冰箱磁贴上。

使用分体式墨盒要比使用组合式墨盒更省钱，组合式墨盒将各种颜色集成在一个墨盒中，一旦其中一种颜色的墨用完了，就需要更换整个墨盒。

电子校样

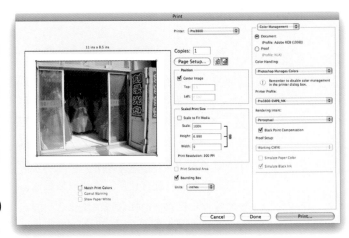

理想状况下，照片打印出的效果应该和我们在电脑显示器上看到的是一致的，但事实并非如此。除非我们采用电子校样。打印机的色域要比显示器窄，因此打印出来的照片和我们在显示器上看到的会存在差异。使用电子校样，可以尽可能减小这样的差异。

电子校样和打印配置文件（详见第82页）充分考虑了不同打印机、油墨和纸张的特性。桌面打印机一般都随机配有标准的配置文件，我们也可以从厂商的官方网站上下载。一些专业的硬件和软件需要专门定制配置文件，我们可以通过厂商的在线服务得到。经过校准的显示器与合适的光线条件也有助于预测和得到精确的结果。

下面以插图的方式为大家讲述校样和打印的一些基本步骤。Lightroom 中的打印模板每次所配置的输出选项几乎都是一样的，还没有加入电子校样功能。在 Aperture 中，导出输出配置文件（视图→校样配置文件）后，选择"视图→屏幕校样"命令，就可以在电子校样模式下进行编辑了。

1 在 Photoshop 中，打开要处理的文件。

2 选择"视图→校样设置→自定"命令，在弹出的"自定校样条件"对话框中的"要模拟的设备"下拉列表中，选择相应的打印机和纸张配置文件；在"渲染方法"下拉列表中，选择"可感知"；最后勾选"黑场补偿"复选框，单击"确定"按钮。

3 根据需要编辑图片，打开打印机并装入打印纸。

4 选择"文件 -> 打印"命令，然后选择输出设置。

5 在"页面设置"对话框中，选择打印机、纸张大小和方向。Photoshop 中以图形化的方式来帮助你选择纸张的方向，有时还会有相应的文字建议，比如，建议风景照片用水平方向打印，人像照用垂直方向打印。

6 选择打印机。在"打印"对话框中的"颜色处理"下拉列表中，选择"无颜色管理"选项。这就告诉打印机接收文件和打印输出时不要更改相关的设置。否则，打印机会自动根据平均值调整颜色和对比度。接下来还要选择打印分辨率，分辨率越高，打印出的照片看上去越精细，但打印耗时也越长。所有都设置妥当后，就可以单击"打印"按钮开始打印了。

数码摄影使得全景照片越来越流行。在以前，拍摄全景照片的选择不多。可以将照片的一部分裁切下来再放大，不过这样会降低图像的质量；也可以使用专业相机，用拼接的方式进行拍摄。不过现在我们有了新的选择。

现在，用软件就可以轻易将多张照片拼在一起，合成一张更大的照片。这个拼接过程我们可以利用 Photoshop（文件→自动→相片合成）或其他一些后期处理软件和插件来实现。这种拼接照片的方法非常有效，你只需要准备一组需要拼接的照片，然后根据实际需要进行操作即可。

还有一些数码相机具有全景拍摄模式，可以帮助你直接拍摄全景照片。在拍摄过程中，相机会自动帮助你进行拼接，进一步简化了拍摄的难度。

喷墨打印机也促进了宽幅照片的流行。打印机只受到打印宽幅的限制，但并不受输出长度的限制。因此，利用一台小型打印机和卷纸就可以打印出很长的照片。许多仅有一个打印机的摄影师，如果要获得大型打印机带来的视觉效果，可以选择全景模式来拍摄。

这张照片来自 xRez 工作室。是从 Penthouse 酒店的 71 层拍摄的芝加哥夜景，照片摄于 2007 年

全景照片可以由许多照片组合而成。下图所示的照片由数百张独立曝光的照片拼接而成。

如果将原始文件完全打印出来，可以得到一张长达 5 米、清晰度很高的照片。在该工作室的官方网站上可以找到这张照片的源文件，放大后甚至可以看到每一个微小的细节。

展示你的作品

装框装裱

对照片进行装框、装裱，并挂在墙上，容易让人觉得它是一个独立的个体。无论是家庭成员的生日聚会照片，还是美术馆展览的照片，装裱完都可以认为是一件艺术品。一旦拍出了一张让自己觉得骄傲的照片，你就会考虑采用何种材料来进行装裱，并通过展示来吸引人们的注意，或者你希望将照片做成收藏品来进行长期保存（任何装裱的材料都是为照片的长期保存而服务的）。

对照片进行装裱主要有以下 4 个目的。第一，使照片引起别人的注意；第二，为照片营造出一个优美的环境；第三，将照片与其他容易吸引人们注意力的元素相隔离；第四，使照片不被损坏。照片展示的选择余地较大，但还是应该遵从一些通用的标准。需要记住的是，装框装裱是一种十分专业的装裱形式，很多摄影师都会将这一工作交给专业装裱人员来完成。但是，你完全可以自己来装裱中型尺寸的照片。

在正式装裱照片之前，先将照片进行压合。压合纸是由一张或多张特制硬纸制成的，质量最好的压合纸是由棉布（而非木浆）制成的。一张较薄的压合纸厚度与 3~4 张扑克牌的厚度相当，一张较厚的压合纸（通常称为 8ply）的厚度大约为 1/8 英寸。大部分压合的照片采用一种类似三明治的方式，即照片位于面板与背板之间。有时，也会把照片直接粘贴在单张装裱纸上。

通常装框装裱的照片表面有一层透明的玻璃或塑料。小尺寸的照片可以使用平板玻璃来装裱，但是透明的塑料要比玻璃轻很多并且不易破碎，也不会损坏摄影作品。装框装裱的照片也可以不加玻璃或塑料面板来进行展示，但是玻璃或塑料面板能够使照片免受物理损伤以及紫外线的照射，因为紫外线的照射能够加速照片的褪色。

日光与荧光灯含有大量的紫外线，平板玻璃能够吸收大约一半的紫外线，平板塑料则能够吸收大约 2/3 的紫外线。此外，如果在传统玻璃上进行附膜装裱，能够吸收大约 97% 的紫外线，如果采用 UV 滤镜的树脂材料进行附膜装裱，能够吸收大约 99% 的紫外线。

此外，无论是否附有吸收紫外线的外膜，反光控制玻璃与塑料都是可以用来装裱的材料。标准的防眩玻璃不能用于照片的装裱，因为它能够引起光学扭曲。

装裱框既可以是木材质地的，也可以是金属质地的。如果你使用木质装裱框，应确保装裱纸与木质装裱框之间垫有其他的材料（通常为铝条或塑料条）。由于木材具有酸性，因此直接接触任何材料制成的纸张都会缩短纸张的使用寿命。此外，垫在装裱纸与装裱框之间的材料最好不要采用压感材料，除非你确认它是一种无酸的压感材料。

装裱框的组装比较灵活，因为它涉及不同的工艺、色彩等多方面的技艺与知识。以铝制的 16×20 英寸的装裱框为例，你需要一对 16 英寸的铝条与一对 20 英寸的铝条，以及一块 16×20 英寸的玻璃面板或塑料面板。然后通过五金器件将这些材料组装在一起，通常你只要使用一个螺丝刀就可以完成了。

随着技术的改变，新型的展示方式也在不断地出现。材质较轻的硬塑料以及蜂窝结构式的铝制板现在已被应用到装裱大尺寸照片中，并且还能够将照片装裱得非常平整。此外，特殊的透明光学迭片结构还能够将照片粘贴在树脂板的背面，并且不会产生任何气泡与瑕疵。也就是说，树脂的背面与照片的正面相互粘贴在一起，树脂的正面也就成了照片的表面。其实装裱原本就没有任何规则，你只要确定你所选择的展示方式，并且认为这一展示方式是最好的形式就足够了。

制作一个相框不仅需要多个连接件，还需要上色等工艺。每个相框都包含有两个长边框、两个短边框，以及四个直角连接件，如下图所示。

你需要一把螺丝刀、玻璃或亚克力和背板，将这些零件组装起来。

装裱照片的方法很多，装裱照片时，使边框高于照片表面可以很好地保护照片，同时还不会使照片的表面和玻璃接触，防止照片损坏。

摄影师：John Gossage，《Stallschreiberstrasse》，1989年摄于西柏林

柏林墙建于1982，拆于1989，是第二次世界大战后政治紧张的明显标志。它用混凝土和铁丝网将德国的主要城市划分为两部分。这张照片表现出一种黑暗和不祥。照片中的大幅区域是如此黑暗，使得这张照片的装裱玻璃几乎变成了镜面。该照片展于纽约美术馆。作者使用了防反射的博物馆玻璃，这样才能让人看清楚照片中的内容。

如果照片要拿出去展览，那么采用照片装裱是最好的选择，因为如果面板弄脏或损坏了，可以随时进行更换。博物馆中在展示一些作品时，就经常采用照片装裱，以方便进行不同类型的展示。此外，纸张会因为温度和湿度的变化而产生膨胀和收缩，采用照片装裱则不会出现任何问题。

干裱是一种最传统的照片装裱方式，与照片装裱不一样，它将照片、衬垫和玻璃牢固地压在一起，从而使照片保持平整，并防止照片因湿度变化而引起卷曲。

档案装裱（也称为博物馆式）是最昂贵的一种方式。它采用碎布纤维替代木纸浆，由于碎布纤维没有酸性，可以减缓纸张的老化。这是博物馆和收藏家们长期保存照片的方式。然而，由于成本的限制，大多数的艺术品供应商不会采用这种方式来对普通的照片进行装裱。如果你想让普通的打印材料（如普通纸板、最便宜的打印纸和玻璃纸）保存较长时间，应该让它们避免长时间接触粘合剂（如胶带、橡皮泥、动物胶和喷洒粘合剂）和任何易变形的胶带或透明胶带。

照片装裱

所需设备和材料

装裱设备

美工刀可以将装裱材料裁成所需的形状和大小，主要用于裁切轻质材料。要保证刀片锋利，这样裁切才会顺利。

卡纸斜角切刀具有一个可旋转的刀片，它可以裁切出垂直的材料边缘或对材料进行带角度的裁切。事实上，使用它要比使用普通美工刀简单，特别是在为面板裁切出方形窗口的时候。

如果你需要完成大量的装裱裁切，还可以使用一台大型的裁切机，它不仅内置有一根直线尺，而且还有切刀。此类裁切机通常在装框装裱店里才可以看到，并且其价格也十分昂贵，但是也有体积较小的家庭版裁切机，并且价格也比较便宜。

金属尺可在裁切照片或者装裱材料中发挥不小的作用，如果是木质或者塑料材质的刻度尺就不太好用了，它们可能会被美工刀削坏。

装裱所需要的其他工具：铅笔、软橡皮与刻刀。此外，使用丁字尺比较容易进行垂直裁切。在装裱收藏级别的照片时，裁切一定要十分精确，在裁切时

一定要戴上棉质的手套来保护装裱中的照片或装裱纸。

压裱机主要由一块加热平面压板与一块平坦的底板结合而成。给压板加热并且压在干裱胶片之上，就能将胶片的胶水熔化并且将照片与装裱纸粘合在一起。它还能够压平未经过装裱的纤维打印物，因为纤维纸暴露于低湿度的环境中就会产生卷曲。

温控裱褙熨斗加热干裱胶片的一个区域，使它将照片的背面与装裱纸的前面相粘，从而保持照片的装裱位置，直到将它放入压裱机为止。

装裱材料

装裱卡纸的颜色十分丰富，种类繁多，其薄厚不一，表面的纹理或光洁度也各不相同。

装裱卡纸的色彩通常为中度的白色，主要是为了避免装裱纸的色彩过于显眼，从而吸引观众对照片的注意。此外，有时也会根据装裱的需要选用纯白、灰色或黑色装裱纸来进行装裱。

装裱纸的薄厚或轻重采用 ply 来表示。通常采用 2ply 的装裱纸对小尺寸的照片进行装裱，而价格相对较高的 4ply 或 8ply 装裱纸则普遍应用于大尺寸照片的装裱。

装裱纸的表面纹理较为丰富，既有光滑的高光表面，也有纹理丰富的表面。如果装裱纸的表面纹理不深，在观看的距离之内其装裱效果就会不明显。

装裱纸的尺寸。通常可以根据照片的尺寸预先进行裁切或者你告诉艺术品商店具体的照片尺寸，他们会进行准确的裁切。从节约角度来讲，自己购买一张大尺寸的装裱纸会比较便宜，但是要自己来进行裁切。通常一张整开的装裱纸的尺寸为 32×40 英寸。

装裱纸的质量或厚度。我们有时将收藏级别的装裱纸称为博物馆装裱纸，这类装裱纸的特点就是无酸（普通的纸张中含有造纸时残留的酸性物质），所以这类纸张能够保存较长的时间，但也不是任何时候都一定要使用这类纸张。价格相对便宜的传统装裱纸也有无酸的，这都可以在艺术品商店中找到。

干裱胶片是一张很薄的并且两边涂有蜡性胶

胶纸片，当它被加热时，就会产生粘性。将干裱胶片放在照片与装裱纸之间，就能将照片与装裱纸紧紧地粘合在一起。装裱纸根据所需温度的不同分为几种类型。此外，有些干裱胶片可以被轻易地移动，从而让装裱者重新调整照片的装裱位置，而有些干裱胶片一旦粘上照片与装裱纸，就永远无法将它们分开了。

冷裱胶片不需要热压就能进行装裱。有些胶片只要接触上照片或装裱纸，就会进行粘合，而有些则需要压一压之后才能粘合，所以采用这类胶片进行装裱时具有较大的位置调整空间。

封面纸能够保护照片或装裱纸的表面不受到损害。采用一张克数较小（较薄）的纸张作为封面纸，将其放在装裱好的照片之间，从而可以防止由于照片的滑落引起的小划痕。如果采用克数较大（较厚）的纸张或装裱纸来作为封面纸，就必须将其放在装裱好的照片之间。

防粘纸并不是用来与干裱胶片进行粘合的，它主要用来隔离封面纸与经过装裱的照片。

背带主要用来将照片或面板与背板进行粘合。条状树脂亚麻纸或高密度聚乙烯合成纸质的背带的质量非常好，所以时常用于装裱之中。采用条状树脂亚麻纸也能够将面板与背板粘合，而那些自带粘性的背带则会缩短照片的寿命。

摄影师：Jo Whaley，《甲虫与文章》，摄于2003年

你要拍什么？答案是任何你喜欢的东西。要记住，我们是拍摄，而不是发现，所以不要将你的照片限制在风景、肖像或其他现有的题材中。在这里，摄影师 Whaley 就将镜头对准了小虫子和书本。

一步步教你干裱

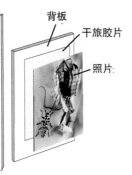

背板
干旅胶片
照片

干裱既好看又牢固。在装裱时，一定要确保装裱材料的整洁。即使在照片与装裱材料之间存在一点细微的脏东西或其他物体，都会在照片的表面隆起一个明显的小点。

拿照片的时候要戴上手套，以免在照片上留下指纹和污垢。裁剪的过程中要在工作台上放置一块厚背板，以保护工作台。切割厚背板时，轻滑几下比一次用力切割更加有效。刀片要锋利一点，当然还得注意安全。

1 **裁剪合适的背板。**用金属直尺和丁字尺相配合，将直尺紧紧地按在背板上，用裁纸刀或切刀沿着直尺的边缘慢慢裁切。

如果要制作大量相框，那么背板尺寸的标准化就显得很重要。通常8×10英寸的照片会使用11×17英寸的背板。一般来说，横幅照片要放在横幅背板上，竖幅照片要安装在竖幅背板上。但也有一些人喜欢将照片放在背板的中间靠上位置，这样就会留下一个较大区域的底边。

2 **加热、干燥照片及其他材料。**如果你有一间暗房，那么在暗房中将照片和其他材料加热到82℃~99℃（或者生产商推荐的加热温度），然后将覆盖了封面纸的背板加热一分钟，以确保去除所有的湿气。最后加热照片，同时别忘了处理一下照片的边角，免得出现卷曲，为下一步处理做准备。

对于树脂涂布相纸或任何材质的喷墨打印纸，干燥时应该采用较低的温度。温度应该控制在99℃以下，高于此温度，树脂涂布相纸可能会融化。很多干燥设备的温度控制不是很精准，一般设置在93℃会比较安全。此外，背板和封面纸需要预热，而树脂涂布相纸则不需要。

3 **将干旅胶片熨烫到照片上。**首先将温控裱褙熨斗加热到与压裱机相同的温度，将照片的正面朝下，贴在一张表面干净的纸张上，并将干旅胶片放在照片背面之上。然后将裱褙熨斗放在照片的中心并且一点一点地向照片的四周移动。最好不要熨到照片的4个角落，因为你可以通过试掀边角来检查照片是否已经与干旅胶片紧密地粘合在一起。

完成上述操作步骤之后，对超出照片边缘的干旅胶片进行裁切，这样容易让人觉得照片与封面纸粘贴在一起。

4 **裁切照片与干旅胶片**。将照片与干旅胶片面朝上放在一块裁切垫的上面。使用美工刀或专用装裱纸裁切刀在金属尺或者直线尺的引导下裁切掉照片的白边与位于其底下的干旅胶片。直线式的裁切能够使照片的边缘与干旅胶片的边缘都十分平整。此外，在裁切时，要注意不要划伤手指。

5 **在装裱纸上安排照片的位置**。根据一致的尺寸，在装裱纸上对照片进行装裱并不是一件比较方便的事情。选择一种传统的装裱尺寸，就可以按照一定的规格进行裁切了。通常一张 8×10 英寸的照片会装裱在 11×14 英寸或 14×17 英寸的装裱纸上。

在安排照片位置的时候，首先将两边的距离设定相同，然后再上下调整照片的位置。按照通常的照片位置进行布置，照片底部的空白区域要比其上部的空白区域稍微大一些。

6 **熨烫干旅胶片以及照片**，将它们粘贴到装裱纸上。在不移动照片位置的情况下，轻轻地掀起照片的一角，在干旅胶片的其中一角上进行短时间的熨烫，并将照片粘贴到装裱纸上，然后在另一角（对角线）重复同样的动作。此外，要保持干旅胶片的平整，以防止照片产生褶皱。

7 **装裱照片**。此时，照片、干旅胶片与装裱纸相互夹在一起，呈三明治状（当然，照片上还覆盖有封面纸），将它放入压裱机进行压裱。在压裱纤维纸质照片的时候，需要压裱30 ～ 40 秒，然后晾干，并通过轻微地弯曲装裱纸的一角来检查照片是否完全粘合。如果照片还是有点轻微的翘起，那就需要将其再次放入压裱机热压更长的时间。此外，不要过长时间地进行热压，因为过热装裱会缩短照片的寿命。

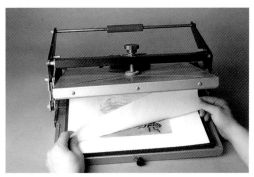

在装裱树脂附膜的照片时，热压的时间越短越好，因为时间过长就会将干旅胶片熔化，并且流到照片与装裱纸上。

出血装裱

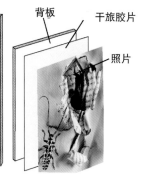

背板　干旅胶片　照片

一张出血装裱的照片是没有边缘的，装裱完成之后，照片与装裱的边缘裁齐。

1 **准备照片和背板。** 裁切背板、预干燥材料，将干旅胶片熨烙到照片上，具体请查看第 122 页的第 1、2、3 步。在第 1 步中，背板可以和照片大小一致，也可以稍微大一点。

裁切掉干旅胶片的多余部分，保证照片和干旅胶片的边缘整齐。然后，将干旅胶片和照片熨烙到背板上，详见第 123 页中的第 6、7 步。

2 **裁切照片。** 将背板反转过来，让照片面朝上。用裁纸刀和直尺裁掉背板的多余部分，其中丁字尺可以用来帮助裁切直角。裁切过程中，裁纸刀要垂直于桌面，这样才能保证裁切的边缘截面垂直于照片。要紧压住直尺，避免伤到手指。

由于是出血装裱，所以背板和照片的大小是一致的。因此，在裁切过程中，一定要非常小心，避免裁切到照片边缘或出现小毛刺。

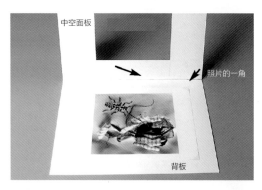

中空面板　　　照片的一角　背板

照片装裱 是将照片全面包裹住。将一张带有"天窗"的面板覆盖在照片正面。这种方式可以有效地保护照片，当面板污损或损坏时，可以很方便地进行更换。

如果想将照片长期保存在相框中，那么照片装裱是你的首选。因为相框中有了玻璃的保护，照片将永久不变保存。

1 **在面板上裁一个窗口。** 首先要裁两块板，一张用来制作背板，一张用来制作面板。为了便于储存、装框或出售，一般会采用标准的规格裁切窗口。相应的标准窗口的尺寸有 11 英寸 ×14 英寸、14 英寸 ×17 英寸、16 英寸 ×20 英寸。窗口的裁切大小是根据照片的尺寸而定的。比如，一张 7 英寸 ×9 英寸的标准照片，就要裁一个 11 英寸 ×14 英寸的窗口，一般窗口要比照片的长、宽都多出 4 英寸。照片要放置在窗口的中心，照片边缘离窗口四周保持约 2 英寸的距离。有些人喜欢将照片放得高一点，那么窗口可以上移 1/4 英寸，那么窗口的下边缘也要相应地上移一定的距离。

可以用铅笔在面板上轻描出窗口位置。要保证窗口的边缘和背板的边缘平行，建议使用丁字尺。

2 **裁切窗口**。裁切窗口时，一定要用手按住。如果能够拥有一把如第 120 页中的卡纸斜角切刀，那么将会让整个制作过程看起来更专业一点。在裁切的过程中，一定要调整好卡纸斜角切刀的角度和裁切深度。将直尺平行放置于标记的窗口边缘，用手紧紧地按住，用锋利的卡纸斜角切刀沿着直尺的边缘从窗口的一个角轻轻地划到另一个角，但注意不要超出范围。取下裁切的部分之后，如果发现窗口的边缘不太整齐，可以用砂纸或锉刀进行修整，也可以将窗口边缘修出斜边，这样看起来更好看点。

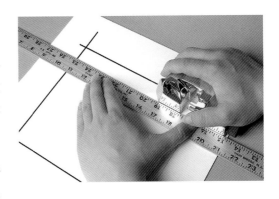

3 **将面板盖在背板上面**。在面板与背板之间做一个连接它们的铰链（采用一条透明胶带就可以做成连接它们的铰链）。然后将照片慢慢地放进面板与背板之间。

4 **角内压合**。制作照片的 4 个角是将照片固定在一个方形区域的最佳方法（就像快照相册放置照片的方式一样）。确保制作角的纸张是无酸纸，然后根据图示方法自己制作出 4 个角，并采用胶带将它们粘贴到背板上。

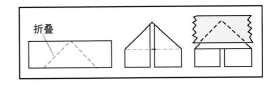

5 **铰链式压合**。这种方式主要是采用一条胶带来实现的（将胶带粘贴在照片上边缘的背面，然后再将胶带粘贴在背板上）。图中折叠的胶带隐藏在照片的背面。此外，你还可以将一条胶带粘贴在已经贴在背板上的胶带上，以此来加固粘贴强度。图中一条垂直的胶带在盖上面板之后就会被面板遮盖住。

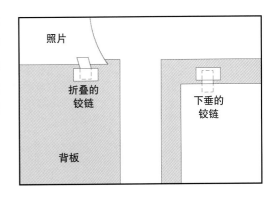

摄影师：Stan Strembicki，《无题》，选自《记忆丧失之9号房间摄影相册》系列摄影，摄于2005年

第7章 组织和存储照片

组织照片要比你想象的简单。照片的积累速度非常快，往往在需要的时候，你可能会发觉它们已经有好几千张了。电脑是一个非常好的组织照片的工具，如果你拍摄的是数码照片，那么这个过程将会更加简单。对于数码照片来说，最大的优点是每一张照片中有一块隐藏的区域，其中存储了有关该照片的所有信息，这对于你保存照片非常有帮助，并且还能够帮助你在成千上万的照片中快速找到需要的那一张。

传统摄影材料必须小心存储才能长久保存。不管采用什么方式输出，所有的照片都会因为时间的流逝和保存上的疏忽而损坏。在遥远的将来，不管你是将现在的相册拿给自己的子孙后代看，还是送给博物馆参展，最好能保证你的照片和现在一样完美无缺。

摄影师：Stan Strembicki，《无题》，摄于2006年

我们自己保存的记忆是短暂的。在经过自然灾害的洗礼后，当我们翻看相册中那依然留有水渍的照片时才发现，原来我们自己保存的记忆是如此的短暂。在卡特丽娜飓风登陆并摧毁了整个新奥尔良市之前，摄影师 Strembicki 一年中要多次前往这个城市进行拍摄，这样的拍摄一直持续了超过 20 年。灾难过后，Strembicki 每月都要去拍摄灾难带来的后果和新城市的重建。他说："作为一名艺术家，我情不自禁地感到自己应该做些什么，做任何有意义的事情。"为了避免自己的摄影作品过多地表现悲伤与痛苦，Strembicki 努力寻找这座失去的城市的标志，并将自己的工作重心放在寻找废墟中的家庭相册。

废墟中的家庭相册通常会被埋在房前，并且浸泡在水中达数个星期。在寻找这些相册时，Strembicki 尽量不到别人的家里，也不拿走任何物品，只是用他的数码相机进行一些记录。不仅是 Strembicki，对于我们所有的人来说，进行这样一份工作需要特别注意的是，我们自己拍摄的照片同样非常脆弱。在每一天的户外拍摄结束后，Strembicki 最关心的不是自己的安全，而是会把当天所有拍摄的照片导出到他的笔记本电脑中，然后再备份一份到移动硬盘中，最后还要将其刻到 DVD 光盘中留存。

照片存储

在拍摄了数码照片之后，接下来需要考虑的就是存储的问题了。不管是使用数码相机拍摄、扫描照片或负片、编辑图片，还是保存照片，存储空间都是一个需要考虑的问题。

以照片原始的格式进行存储。一般而言，数码相机拍摄或扫描仪扫描的照片都是 RAW 格式的，这种格式与经过处理、修改、编辑或调整过的一些派生文件格式刚好相反。相机中生成的 RAW 格式文件（详见第 81 页）是 RAW 格式文件中的一种特定的类型，其中包含了数码相机感光元件捕捉到的信息，而且是完全没有经过压缩的文件格式。如果将相机保存的文件类型更改为 TIFF 或 JPEG 格式，它们也会被认为是一种像 RAW 格式一样的原始文件。

经后期处理或图像编辑后，还能生成更多的文件格式。存储文件是你的工作流程中的另一个重要步骤，该步骤进行时往往需要更多的存储空间。和原始的 RAW 格式相比，这些派生出来的文件格式或多或少都会有一些改变，有可能颜色和色调变少了，尺寸改变了，还有可能变得更加复杂，比如图层结构发生了变化等。此外，还有可能在图像处理的过程中将文件保存为另一种派生文件格式，这样可以很容易地回到原来的文件重新进行编辑。

图片文件可以保存在不同的设备中，最简单、迅速、普及的方法是将其存储在电脑的内置硬盘中。如果是扫描照片，扫描仪会直接将扫描后的文件保存在电脑硬盘中。如果使用数码相机拍摄，一定要在编辑图片前，将存储卡中的照片导出到电脑硬盘中。相机的存储卡并不适合长时间保存照片，因为有的时候你可能会需要删除存储卡中的照片或重新格式化存储卡，所以最好还是及时将存储卡中的照片导出到电脑硬盘中。

然而，电脑的内置硬盘也有可能出现空间不够的状况，尤其是你一直在这台电脑中保存和编辑图片。满打满算，一块 750GB 的硬盘大概也就可以存储 50000 张大小为 15MB 的照片，但是硬盘里的所有空间不可能都用来存储照片，因为在硬盘中还需要安装操作系统、软件，以及还要保存其他的文件。此时，外置硬盘是一个不错的选择，它可以连接任何电脑，用来扩充存储容量，你可以增加一块外置硬盘专门用来保存图片文件。一些外置硬盘不仅小巧便携，而且还防震防摔，我们一般称之为移动硬盘。还有 U 盘，它的体积更小、重量更轻，最为便携，可以通过电脑的 USB 接口直接取电，不需要配备单独的电源。虽然以上所有类别的硬盘都有一定的保护措施，不怕携带过程中的挤压，但还是要记住，它们都不能直接摔在地上。

数码文件能在瞬间消失。硬盘容易受到灰尘、电流和磁场的影响，还有可能失窃或受到物理损坏。外置存储媒介，包括光盘和磁带，对存储条件都非常敏感，随着使用时间的增长，很有可能会影响数据的读取。数据的丢失很有可能是由你自己的原因造成的，你可能会突然删除一个文件或用同样的文件名覆盖了一个不同的文件。

幸运的是，你可以用数码文件制作出多个原文件。为每一张照片保留一个备份，可以有效防止数据的丢失。有可能的话，最好能有一个备份计划，按照计划进行有效的备份，可以更大程度上保证数据的安全（详见第 131 页）。

除了为每一张照片保留一份备份以外，还要保证能在所有备份的文件中迅速找你需要的照片。接下来的内容将告诉大家，如何为文件命名和做标签，以便你能够迅速找到需要的任何文件。

无论什么时候需要增加电脑的存储容量，直接连接外置硬盘就可以轻松做到。

移动硬盘和 U盘可以让你很容易地将文件导出到其他电脑中，或者将相机中的文件导入其中。

光盘不易受到磁场、电流和水的影响而损坏。相对于普通光盘而言，金盘的存储寿命还要更长一些。具有更大容量的蓝光光盘，一次性可以存储 3000 张大小为 15MB 的图片文件。

虽然电脑非常适合保存文件的各种信息，但还是需要你的帮助才能完成。在数码摄影之前，只有一个原文件，即负片或反转片。许多摄影师不得不自己创建一套系统，用来保存和查找这些胶片，以及保留与这些胶片相关的任何信息。数码图像是由数据组成的，有关这些数码图像的信息也是由数据组成的，我们将这些数据称为元数据。

元数据有多种形式。常用的、最简单的元数据包括文件名、文件大小、文件格式等，一个名为"火车站.jpg"的 22MB 大小的 JPEG 文件中，火车站、22MB 和 JPEG 都是它的元数据。这些信息是文件本身的一部分，它们不会因为文件的移动和复制而丢失，会在电脑列表或文件目录中显示出来。此外，虽然通常情况下日期数据是人工添加到电脑中的，但是它也是元数据的一部分。

数码相机可以保存捕捉到的信息。每一个文件，不管是 JPEG、TIFF，还是相机的 RAW 格式的文件，都有一个内置的数据块，用来写入和存储

每一张照片的具体数据，并独立于照片的像素数据。相机能够存储光圈与快门、时间与日期、ISO 设置、镜头的焦距、测光模式、相机的品牌与机型，以及每张照片拍摄时的地理位置等一系列信息。这些与相机有关的元数据被保存在一个名为 Exif 的标准格式中。此外，每种不同类型的信息（比如，快门速度）都只是照片中不同的附属信息。

元数据是可以在后来添加的。IPTC（国际出版电讯委员会）认为，元数据还应包括摄影师、图片的主题和用途等信息。可以通过使用图像处理软件、浏览器和图像数据管理器（详见第 130 页）来添加或更改元数据。IPTC 数据能够在上述软件中以面板的形式显示出来，比如，IPTC 联系面板就包含了文件创建者的姓名与联系方式等信息。

IPTC 元数据能够被快速加入到图片组中。当你从存储卡中导出所有的照片之后，你可能会将自己的电子邮件和版权信息添加到每一张照片中。

元数据随图像一起保存。如果你复制文件或将文件另存为一个派生文件，原文件的元数据也会传递给新文件，这一点非常有用。比如，如果将照片上传到网站或发送到图片库，你的版权信息和联系方式等都将包含在你的照片中。任何人在下载你的照片后，都能看到相关信息，知道需通过照片中的联系方式与作者取得联系并经过允许后，才能使用该照片。

关键词与图片等级也是元数据。在文件中可以加入关键词，以便能够更方便地进行查找。类似的，你也可以为照片标上不同的等级（星号）或标签（颜色），以便于将其与其他类似的照片进行区分。一旦有了几千张照片，你将非常乐意为这些照片添加各种元数据。本章后面的内容详细叙述了如何在相应的软件中通过关键词与照片等级来进行查找。

摄影师：Alex Webb，《海地首都太子港》，1979年摄于海地

照片有很多用途。摄影师Webb是马格南图片社的会员，在马格南图片社的官方主页上输入关键词，可以找到他拍摄的照片。本张照片中的关键词包括：加勒比海、一束鲜花、门、海地人、帽子、男人、太子港、红色、阴影、一道光和阳光。

组织照片的软件

摄影师使用的电脑软件能够完成很多组织图像的任务。图像编辑是图片后期处理的核心，它可以将照片调整到完全符合你的预期。通过 Photoshop，不仅可以读取图像原来的元数据，还可以写入自己的一些信息（通过单击软件中的"文件">"文件信息"菜单，打开 Exif 和 IPTC 面板）。但是，单靠 Photoshop 是不能帮助你组织或查找图片的。

浏览器，比如 Bridge，它是 Photoshop 的一个可独立运行的组件，可以帮助你整理、查找图片。利用 Bridge 软件，可以从存储卡中导出照片，并进行重命名、显示缩略图和全屏浏览某张选定的照片等操作。此外还可以将元数据、关键词和图片等级等信息添加到所有图片或选定的一组图片中。

工作流程软件，比如 Lightroom 和 Aperture等，它们会帮你完成一名摄影师需要做的所有事情。像 Bridge 一样，利用它们也可以从存储卡中导出 RAW 文件，并保存到指定的位置。同时，还可以对图片进行重命名、分级、用关键词做标记等操作。此外，还可以利用上述软件对图片进行调整、更改大小和打印等操作，并通过搜索特定的元数据在相关文件夹中查找需要的图片文件。

分类软件是一种专门帮助你查找图片文件的软件，有时也被称为图像数据库或数码资料管理程序。分类软件能够跟踪成千上万张图片，与浏览器或工作流程软件一样，它也可以将关键词或其他元数据加入到选定的图片组中，并且还可以附加多个搜索条件进行查找和显示图片（比如，在一堆照片中查找拍摄于 2008 年的，但是要去除有关蒙大拿州的照片）。此外，利用分类软件还能够快速地搜集选中的各种图片，并且通过显示屏显示、打印输出，或上传到网上。

分类软件将图片的信息和位置保存在自己独立的数据库文件中，你可以在脱机，即存储设备不连接电脑的条件下，对图片进行查找。这可以帮助你查找备份文件，比如存放在备份盒中的 CD 或 DVD。因为其数据库是独立的，所以你还可以在图片中添加一些原文件中没有的元数据。如果你想进一步对图片进行分类，可以在这些图片中加入一些自己的关键词。

所有的这些应用程序都可以将图片像放幻灯片一样显示出来。你可以一次选中一组图片让其在显示器中同时显示，也可以一次全屏显示一张图片。此外，还可以用幻灯片播放的形式显示图片，允许你自己设置每张照片显示的时间，以及照片切换的方式等。用 Lightroom 和 Aperture 软件，还可以在播放图片的同时，显示自己添加的文字，并播放自己选择的音乐。

Extensis Portfolio。这个图像数据库软件能够帮助你在成千上万张图片中精确查找需要的图片。

数码照片与传统照片的存档

RAW 文件的存储工作流程

1. 直接从数码相机或通过读卡器**导出图片文件**。

2. **对图片进行重命名**。如果命名具有一定的逻辑性，那么即使你有 50000 张图片，也能使其井然有序。

3. **增加元数据**。比如，将你的名字、联系信息和版权信息等添加到图片中。

4. **将 RAW 文件转存为 DNG 文件**（详见第 81 页）。有些软件可以让你在导出图片后，将格式转换、重命名和添加元数据等工作一步完成。

5. **添加个人的关键词**。大多数软件都支持以缩略图的形式显示图片，你可以将关键词添加到选中的图片中。

6. **应用图片等级**。在一些类似的图片中选出自己最满意的，并将其标为最高等级。

7. **将图片保存到第二块硬盘中**。如果你拥有镜像磁盘阵列，那么这个过程会自动完成。在备份完所有的文件之后，你就可以格式化存储卡，然后重新开始拍摄了。

8. **将文件刻录在两张光盘上**。将光盘存放在阴凉、干燥、黑暗处，可以最大限度延长其保存寿命。在光盘上标注独有的名称（比如，图片文件 2009-045），方便查找文件。

9. 在刻录光盘的同时，**将图片的分类数据添加到文件中**，从而可以在脱机存储系统中对所有的备份图片进行信息跟踪。

对于数码图片来说，你可以制作多张原文件图片。数码图片实际占用的存储空间不是很大，因此完全可以备份多张原文件图片。照片、反转片和负片都比较容易丢失或损坏，并且随着时间的流逝，其质量也会逐渐下降。数码图像文件能够永久保存，并可以被无数次精确复制，这样就可以大大降低丢失的概率。

要持续对文件进行备份。不要等到失去了一些重要的图片文件后才开始备份。

最方便的办法是将所有图片上传到网上，这与你将所有图片保存在一个或多块硬盘上是一样的道理，只要能够联网，你就可以随时下载需要的文件。硬盘比较容易损坏，所以如果采用硬盘进行备份，最好将所有文件复制到两个不同的硬盘中。当然，同时复制到 3 个或更多的硬盘中，可以使数据更加安全。

最好的方法是，在对图片进行重新命名和标记的同时，并且在删除存储卡中的图片之前，你至少要对所有的原文件进行二次备份，并将其存储在另一块

▲ 应该将照片保存在无酸档案盒中。无酸档案盒通常采用蛤壳式设计，照片存放在盒中，展示效果会很好。但如果是存放普通照片，那么代价就太高了。右侧的简易型无酸档案盒也能达到相同的存储效果。一些尺寸较大的无酸盒基本采用带有褶皱的卡纸做成，目的是为了增加无酸盒的强度。

硬盘中。然后在可移动存储介质，比如，CD、DVD 或蓝光光盘中再保存两份或更多的备份。另一块硬盘中的备份文件可以让你在主硬盘损坏或文件丢失时，迅速对文件进行重新存储。尽量将备份光盘异地存放，以防止遇到火灾或盗窃时数据"全军覆没"。此外，最好还能有一个关于派生图片文件的命名、组织和备份的方案，这样才能在组织图片这项工作中取得不断的进步。

阵列能够防止数据丢失。RAID 是英文 Redundant Arrays of Inexpensive Disks 中各单词首字母的缩写，意为"价格便宜且具有冗余能力的磁盘阵列"。可以使用电脑对阵列进行格式化或初始化等操作。两块硬盘可以组成 RAID 1，也称为镜像阵列。此时对于你来说，仿佛只有一块硬盘在工作，因为你在电脑中只能看到一个盘符，写入和读取操作也和正常的电脑没有任何区别。但实际上，所有的数据都会同时写入到这两块硬盘中。这类系统也被称为容错系统，因为它会创建冗余数据，一旦一块硬盘损坏，从另一块硬盘中也能读取所有的数据。

相对于数码图像文件来说，**照片和胶片的保存更具挑战性**，因为它们是物理的东西，而且往往是唯一的。一个稳定的环境，尤其是低温、低湿的环境，将会有效延长数码照片和传统照片介质的存储时间。相纸必须远离酸性物质。不幸的是，绝大多数纸张都来自于木纸浆，其在生产过程中都会留下酸性物质，所以在打印照片时最好采用无酸纸，在保存时最好采用无酸盒。此外，还可以在摄影器材城中购买底片袋，以及专门用于存放照片、硬盘、幻灯片和负片的盒子，用于存储。

摄影师：Garry Winogrand，《洛杉矶》，摄于1969年

　　请注意拍摄对象身上的光线。摄影师 Garry Winogrand 经常拍摄我们日常生活中不容易被人发现的复杂的互动活动。这里，除了街上的人群以外，商店橱窗也反射出强烈的阳光，画面中仿佛出现了两个太阳。摄影师 Winogrand 说，我拍摄，是为了看清照片将会是什么样子。

第 8 章 **光线**

改变光线就能改变照片。在户外，如果云层突然遮住了天空，或者你改变了拍摄位置，使拍摄对象处于逆光环境中，或者是你从明亮的场景中挪到阴影处，所拍摄的照片都会发生变化。在室内也是一样，拍摄对象有可能离明亮的窗户很近，也有可能你打开房顶的照明灯或决定使用闪光灯进行拍摄。

光线可以改变照片中拍摄对象所呈现出的感觉，或明亮清爽，或朦胧柔和，或质朴，或浪漫。如果特别留意拍摄对象上的光线，你将会很快学会如何在照片中去观察，然后你会发现使用现有的光线或自己调整光线，可以轻松达到自己想要的拍摄效果。

摄影师：Kenneth Josephson，《芝加哥》，摄于1961年

有的时候光线本身也会成为照片中的拍摄对象。这里，被光线照亮的年轻人刺破了芝加哥城铁下的黑暗。

光线质量
从直射到漫射

直射光

不论是在室内还是户外，光线既可以是直射的、强烈的，也可以是漫射的、柔和的。接下来的内容将教会大家如何鉴别不同质量的光线，并且预览其在照片中的效果。

直射光线对比强烈。 它会形成明亮的高光、黑暗生硬的阴影和锐利的边缘。不管是数码相机还是胶片相机，都没有办法同时记录下非常亮和非常暗的区域中的细节，因此被直射光照亮的区域看上去往往非常明亮和醒目，而阴影区域则几乎是一片黑。如果在直射光线下拍摄，有可能需要补光（详见第140页~第141页），以照亮阴影部分。因为直射光线往往非常明亮，拍摄时有可能常常得使用小光圈来获得很深的景深，或者用较快的快门速度来防止照片模糊。如果光线足够明亮，有可能需要同时使用小光圈和较快的快门速度。

晴朗天空下的太阳是典型的直射光源。在室内，闪光灯或摄影灯直射（不通过其他表面反射）拍摄对象时，也会产生直射光。

漫射光的对比度较低。 它会将拍摄对象完全"浸"在其中，从而使阴影变淡或完全消失。相比在直射光中，颜色在漫射光中的会显得更淡一些，在色调上很有可能像粉笔画的效果。因为漫射光很有可能比直射光暗淡，在拍摄时很可能不能用很小的光圈和较快的快门速度。

摄影师：Dorothea Lange，《高原上的妇女》，摄于美国得克萨斯州柴尔德里斯县，1938年

注意观察图中的光线质量和光线照在拍摄对象上的效果。直射光会形成强烈的明暗差别，所形成的阴影边缘较硬。定向的漫射光也会形成阴影，但是其边缘相比直射光形成的阴影更为柔和。漫射光没有方向性，并且较为柔和。

阅读延伸：相同的拍摄对象在不同的光线环境中

步骤： 在不同的光线环境中拍摄同一个人物。比如，晴朗的清晨在户外的阳光下拍摄。尽量不要在阳光直射的正午进行拍摄。清晨和傍晚的光线比较适合拍摄，此时的阳光与拍摄对象之间有一个角度。在每一种情况下都拍摄几张照片试试。

拍摄半身照比拍摄全身照要稍微靠近一些。

首先，让太阳在你的背后，让它直接射向拍摄对象的面部。然后让拍摄对象进行移动，让阳光从侧面射向人脸。接下来，让太阳位于拍摄对象的背后，使其处于逆光状态（第74页中具体讲述了如何在逆光场景中测光）。

在自然漫射光环境下拍摄一些照片，比如，在树下或在建筑物的阴影中拍摄。然后在室内在进行一些拍摄，使人物靠在窗前，由窗光照亮。

作为与清晨和傍晚阳光下拍摄的对比，你可以在正午拍摄一些照片，看看为什么大家都不推荐在正午顶着大太阳进行拍摄。

在每一种光线环境中选择最佳的人像照。

你该怎么办？ 你在这些照片中看到有什么不同的地方吗？在其中的一些照片中有没有看到更多的纹理？有的照片中的阴影是不是看上去太黑了（第140页~第141页中将会详细介绍如何使阴影更亮）？

光线是如何作用在模特脸上的？光线不仅会改变拍摄对象在照片中的呈现方式，还会改变我们观察和感觉他们的方式。试着拍摄一些人像，使其看上去分别更加柔和、粗糙、引人注目。

直射光与漫射光

漫射光

摄影师：Tina Barney，《妈妈》，摄于1996年

摄影师：Sage Sohier，《准备参加马术表演的女孩》，摄于2004年

　　阴天的户外光线都是漫射光，因为厚厚的云层会对光线起到反射和折射作用，不像晴天，太阳光可以毫无阻拦地直射到地面。在室内，漫射光可以由靠近拍摄对象的面光源而来（比如，用点光源配合大的反光伞），此外还可以有补光的作用（第141页上图中所示的是一个柔光箱，它也是另一种平面光源。）

　　定向漫射光对比适中。 它同时包含一部分直射光和一部分漫射光。定向漫射光也会形成阴影，但是它的阴影更加柔和，而且也没有直射光形成的阴影显得那么暗。

　　在雾天你会遇到定向漫射光，一部分阳光被薄雾散开，另一部分则还是由太阳直射下来。如果光线主要从一个方向反射过来，那么阴影区域，比如树阴下或建筑物的背光面，也有可能出现定向漫射光。在室内，如果阳光没有直射拍摄对象，那么天窗或其他大的窗户也会带来定向漫射光。此外，闪光灯或影棚灯也会形成定向漫射光，前提是，在灯的前方要有一个半透明的漫射材质，或者光源发出的光线经过其他表面，比如墙面或反光伞的反射。

现场光

拍摄场景中的可用光线

不必要等到大晴天再去拍摄。即使光线非常昏暗，也可以进行拍摄，在室内，雨天或雪天，黎明或黄昏，都可以拍摄。如果发现某一个拍摄场景非常吸引你，你总能找到合适的拍摄方式。

当光线比较昏暗时，可以通过适当调高ISO 感光度来完成拍摄。 较高的 ISO 值可以让你用足够快的快门速度去拍摄，以防止照片模糊，也可以让你用足够小的光圈去拍摄，以获得较深的景深。长时间曝光时，使用三脚架可以保持相机的稳定。

摄影师：John Collier，《99岁的流浪汉爷爷》，摄于新墨西哥州，1943年

尽可能使用你发现的光线，这样往往看上去最真实。拍摄这张照片时的光线是从人物旁边的小窗户中射入的，简单但有效。

摄影师：Lars Tunbjork，《sicily》，摄于1983年

　　在很多情况下，仅仅是光线和阴影就能构成一幅完美的画面。这张照片拍摄的实际上只是一个人的轮廓，但是它甚至还没有人物形成的阴影看上去那么重要，这所有的一切都是利用傍晚的余晖抓拍到的。

摄影师：David Alan Harvey，《庆祝复活节》，摄于墨西哥，1992年

　　在极其昏暗的光线下，用相机所支持的最高 ISO（或用极高速胶片，比如 Kodak T Max P3200 或 Fuji Neopan 1600）拍摄。整个拍摄场景中只有微弱的烛光，摄影师在后期处理中调整了白平衡，使照片中只剩下红色。在弱光环境下拍摄，包围曝光也是一个不错的选择。如果可能的话，请分别增加和减少曝光值，然后拍摄几张特别的照片。

主光源

起决定作用的光源

最具现实主义、最讨喜的光线是类似于太阳光的光线，这种光线我们经常见到，主光源位于拍摄对象的上方，射出的光线会产生单一的阴影。如果光线来自拍摄对象的下方（即使有时你是刻意为之），或者有两个或更多强度相同的光源同时照射拍摄对象，使在多个方向上都产生明显的阴影，那么拍出的照片会显得不太真实，甚至看上去非常诡异。

光线与阴影效果的关系。 很多摄影师经常会讨论某一个特定光源的光线质量，这实际上是在探讨这些光线所形成的阴影，这些阴影可能会使照片看上去很粗糙或者很柔和，也有可能令人害怕或者使人愉悦。在很大程度上，阴影决定了拍摄对象的材质和大小的印象，有的时候也会通过照片反映心情和情感。

主光源， 也就是最明亮的光源照射在拍摄对象上，会形成最强烈的阴影。如果你要控制光线，请留意拍摄对象相对于相机的位置。在移动主光源或者改变拍摄对象相对于特定主光源的位置时，请注意成像中阴影的形状和拍摄对象的情况。

将一个 500 瓦的摄影灯放在碗状的金属反光伞中，拍摄中经常用到这种光源产生的直射光，这样的光会产生很暗的、边缘较硬的阴影。直射的太阳光或闪光灯发出的直射光也会产生类似的效果。经过其他表面（比如反光伞）反射后的光线相对更加柔和，照射到拍摄对象上后所产生阴影的边缘也不会显得那么生硬，漫射光的效果也比较类似。此外，补光（详见第140 页～第 141 页）也会将阴影照亮。

顺光。 主光源靠近相机的镜头，比如相机的闪光灯直对着拍摄对象。利用这种光线拍摄，从相机的位置看过去，基本看不到什么阴影，这样的成像效果比较平淡，并且缺乏质感。许多初学者或者傻瓜相机都会采用这种光线进行拍摄，因为这样最简单也最方便。

前侧光。 主光源布置在拍摄对象前一侧约 45° 处，并且在高度上略高于拍摄对象，这样会在人物的面部形成圆形的阴影，并且比用顺光拍摄更显质感。前侧光经常被用于商业人像摄影。此外，适当的补光还可以照亮阴影。

侧光。布光时，使主光源与相机镜头成90°角，这样会照亮拍摄对象的一侧，并使另一侧形成明显的阴影。当日出或日落时，太阳位于地平线上，此时拍摄风景或户外场景，会增加不少趣味。用侧光拍摄人像，有时会产生戏剧化的效果。

顶光。光线直接从人物的头顶射下，在人物的眼眶、鼻子和下巴的下方会形成又长又黑的阴影，这种光线很少被用于人像拍摄。不幸的是，顶光还并不少见，正午户外的太阳和室内天花板上的灯所发出的光都属于顶光。利用补光可以适当照亮阴影，对拍摄可能会有一些帮助。

逆光。主光源位于拍摄对象的背面。如果光线从拍摄对象的背后直射向相机镜头，人物的整个面部都会笼罩在阴影中，只有头发的边缘会有少许光线。逆光也被称为边缘光或轮廓光，主要用于多光源拍摄场景中，以突显拍摄对象的质感，或者将拍摄对象从背景中突显出来。

底光。光线从拍摄对象的底部射出，拍摄人像时会产生一种古怪的感觉。这是因为不论是在户外，还是在室内，很少有光线会从底部照亮人物。底光会形成很不自然的阴影，常用于表现危险的感觉。一些物体，比如玻璃器皿，经常被从底部射出的光线照亮，这样的照片经常出现在广告中。

补光
照亮阴影

补光会使阴影看上去没有那么暗。一般来说，在明亮的区域和较深的阴影之间，照相设备只能记录下其中一个的细节和材质，并不能够同时记录下二者。因此，如果重要的阴影区域比明亮区域要暗得多，比如拍摄人像时，太阳光从一侧照向人物的面部，另一侧就会有比较暗的阴影，此时考虑增加补光，以明显改善成像效果。与主光源相比，辅助光源不能喧宾夺主，仅仅需要提高阴影区域的亮度级别，使观赏者能够在最终的照片中看清阴影部分的细节即可。

什么时候需要补光？ 数码感光元件和负片对对比度非常敏感，彩色反转片更是有过之而无不及。明亮区域和阴影区域之间哪怕只有2挡的差别，也会使阴影显得非常暗。HDR（详见第76页~第77页）可以用来控制高对比度，但是需要拍摄对象完全静止，因此不太适合拍摄人像。

在绝大多数人像照片中，有些阴影要比人物面部较亮的一侧低2挡曝光，这虽然看上去对比度较高，但是仍然能够表现全部的质感和细节。当阴影部分比亮部区域低3挡甚至更高的曝光时，这时补光就非常有用了。虽然可以在后期处理中控制亮部和阴影处的对比度，并将阴影处调亮，但是如果在前期拍摄时就能对阴影处补光，往往得到的效果会更好。

户外补光。 在户外太阳下充分利用顺光和背光，只要人物不眯眼，都能拍出不错的人像作品。但是在这种情况下，有时会使阴影侧的面部显得太暗。此时可以适当增加补光，降低亮部和阴影侧面部的对比度。在户外，还可以在拍摄花草和其他小物件时采用补光，以防止阴影部分过暗。

室内补光。 在室内，利用单独的泛光灯或闪光灯会产生对比非常强烈的光线，此时如果要使人物面部较亮的一侧曝光正常，则阴影一侧将会显得非常暗。在室内利用这种光线拍摄，要比在户外利用太阳光拍摄，会产生更大的对比，因为在户外来自天空中的光线还会有补光的效果。请查看第138页~第139页中，用单一光源拍摄的人像中的阴影部分，留意它们到底有多暗。有可能在拍摄某些特定照片时，需要用到能够产生这样对比度的光线，但是一般来说，还是需要有适当的辅助光源来照亮阴影。

补光工具。 一张白色卡片或一块白布就可以充当反光板，在室内或户外起到补光的作用。在户外商店销售的有铝箔覆盖的地垫不仅便携，而且反射率很高。在一些摄影器材城还可以买到方便折叠的专用反光板，更加适合专业人士使用。请在正确的角度放置反光板，位置通常是在主光源射向拍摄对象的相反方向，这样可以将从主光源发出的部分光线反射到阴影中。

不论是在室内还是户外，都可以用闪光灯进行补光，在调整光线亮度方面，闪光灯要比那些固定的摄影灯方便很多。一些适用于全自动相机的闪光灯（或者是相机内置的闪光灯）可以自动进行闪光补光。

在室内拍摄，一些来自其他泛光灯的光线也可以用于补光。为了确保补光不会喧宾夺主，相对于主光源，辅助光源最好离拍摄对象更远一点，并且要适当降低输出强度，最好使用跳灯或漫射光。

顺光。 人物面部被直射的太阳光照亮。人物在强烈的阳光下往往容易眯眼，这给拍摄带来了一些麻烦。

侧光。 这里，人物虽然也是暴露在阳光下，但是其面部表情看上去明显轻松了很多。拍摄时，适当增加曝光可以使人物面部的阴影一侧更亮一些，但同时也会使较亮的一侧显得非常亮。

侧光加补光。 这里，人物依然是处于侧光状态，适当增加了补光以后，照亮了人物面部的阴影一侧。从人物的眼镜片中，我们看到了用于补光的反光板。

利用反光设备补光。 一张大的白布或卡片可以充当反光设备，照亮人像中的阴影一侧。有的时候，拍摄对象附近的物体就是天然的反光设备，比如沙子、雪、水和浅色的墙壁等。反光设备可以固定在专用的支架上，也可以由摄影助手举着，还可以简单地加以固定。反光设备离拍摄对象越近，反射到阴影处的光线就越多。拍摄时要注意，不要将反光设备拍到照片中。

如右图所示，主光源在摄影师的左侧，即拍摄对象的右侧。主光源在柔光箱内，这样可以使拍出的阴影的边缘更加柔和。主光源正对的是固定在支架上的反光板。

拍摄人像时，请试着调整反光设备的角度，让充足的光线照亮人物面部的阴影一侧，使其比较亮的一侧低 1 至 2 挡曝光即可。这里介绍如何计算不同挡之间的差别。对人物面部较亮一侧测光，记下此时的快门速度和光圈值。然后对人物面部阴影一侧测光，再次记下快门速度和光圈值。两次测光 f 值（或快门速度）之间的差别，就是两挡曝光之间的差别。

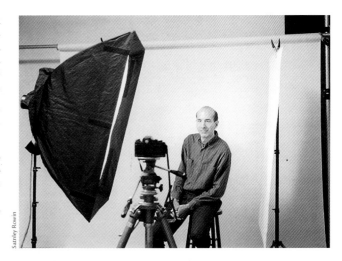

Satnley Rowin

使用泛光灯补光。 摄影师将主光源布置在拍摄对象右前方45 度角处，然后再将第二个泛光灯摆放在相机的右侧，用来增加阴影部分的亮度。此处的补光离相机镜头很近，不会在成像中增加多余的阴影。主光源离拍摄对象更近一些，在光线强度方面要盖过补光。

分别对场景中的较亮部分和阴影一侧测光，然后调整光源的输出，使画面中阴影部分比亮部低 1 至 2 挡曝光即可。为了获得准确的曝光值，必须对不包含背景或其他不同亮度的区域中的每一个独立区域分别测光。如果拍摄非常小的物体，可以使用点测光表进行测光，或使用灰卡分别对亮部和阴影一侧测光。

使用闪光灯补光。 为了照亮人物面部的阴影部分，摄影师在相机上安装了闪光灯。如果闪光灯发出的光线太亮，它会盖过主光源的光线，这样拍出的效果就会显得不太自然。为了避免类似情况的发生，摄影师将闪光灯设置为手动模式，并且在闪光灯的灯头上盖了一块丝巾，以降低闪光灯所发出的光线的强度。此外，摄影师还可以后退几步（虽然这有可能改变构图），或者同时使用多个闪光灯，并把闪光灯的输出强度调低。

闪光灯灯头上盖的丝巾还会改变光线的质量，作用有点类似于小型的柔光箱，它会柔化由相机内置的小型闪光灯发出的生硬光线。

请仔细阅读相机的使用手册，了解如何设置相机和闪光灯，并用其补光。一般来说，对于部分明亮、部分阴暗的拍摄对象来说，在拍摄时需要降低闪光灯输出光线的亮度，直到曝光值低于正常用太阳光曝光 1 至 2 挡即可。

简单的人像用光

许多优秀的人像作品在拍摄时的布光都很简单，并不需要复杂的光线。实际上，布光越简单，拍摄对象在拍摄时就越感到舒适和放松（详见第164页~第167页中的内容）。

在户外，大量的阴影或阴暗的天空使拍摄对象笼罩在柔和的光线之中。 在树下或在建筑物的阴影中，人物不会被太阳光直射。照射到人物的光线主要来自于地面、附近墙面或其他表面反射的太阳光。如果太阳被云层笼罩，那么拍摄对象将会被来自整个天空的漫射光照亮。此时，阴影会显得稍微有些蓝，这主要是因为太阳被云层遮住，用于照明的光线来自于蓝色的天空。

在白天的室内拍摄，窗光是不错的光源（如右图所示）。拍摄对象离窗户越近，成像中的光线就越亮。如果太阳光直接经过窗户射到拍摄对象上，对比度将会很高：成像中的亮部将会很亮，没有被光线照到的地方将会很暗。除非需要非常高的对比度，否则最好还是先将直射光经过其他表面反射后再加以利用。将反光设备布置在正对着窗户的位置，可以为人物背对窗户的一侧增加补光，从而照亮阴影部分。

当拍摄场景中的光线不足时（如右图所示），利用主光源——泛光灯或闪光灯加反光设备，可以为场景补光。相对于直射光线，主光源发出的光线经反光伞反射后会更加柔和。

摄影师：John Weiss，《Garry Templeton》，1984年摄于圣迭哥

在户外的建筑物或树下，会形成**大面积的阴影**，这里的光线比较柔和，不会直射到拍摄对象上。照片中的棒球手坐在屋檐下，摄影师在其背后挂上了一块黑色的布，以提供一个纯色的背景。

摄影师：Martin Benjamin，《George Gilder》，摄于2000年

当你希望自己布光时，**主光源加反光设备补光**是最简单的组合。布光时，将主光源（泛光灯或闪光灯）对着反光设备，然后将反光设备对着拍摄对象。反光设备布置在拍摄对象的另一侧，用来照亮阴影。

摄影师：Judy Dater，《Joyce Goldstein》，摄于1969年

窗光照亮了拍摄场景中迎光的一侧，同时背光一侧显得有点暗。这里，窗外的光线离窗户较远，从而使射入房间的光线充分柔化。如果来自太阳的直射光直接射入窗户，那么照片中亮调和暗调之间的对比将会更加强烈。

如果人物面部较亮和阴影一侧的对比非常强烈，请使用反光板将一些窗光反射到阴影一侧。

使用人造光线
影棚灯与闪光灯

当太阳下山后，在相对较暗的房间里拍摄，或在拍摄需要更多的光线时，人造光源就派上了用场。当准备拍摄照片时，人造光源会持续不断为你提供需要的光线。利用人造光源，可以得到需要的任何效果，从类似自然太阳光的光线，到自然界中很少出现的光线，都可以实现。不同的光源所发出的光线的色温不尽相同，拍摄时需要相应设置不同的白平衡。

连续发光的灯（白炽灯），比如摄影灯和石英灯（或卤素灯），可以让你看见光线作用在拍摄对象上的效果，它们非常适合用于拍摄人像、生活照和其他固定不动的拍摄对象，因为拍摄这些题材时，你有充分的时间精确调整光线。拍摄时，确定曝光值非常简单，只需像户外拍摄时一样，测量光线的亮度即可。

闪光灯泡如今非常少见了。也就是在前些年，一些摄影师还会将每次拍摄后用过的灯泡充当闪光灯泡来用。今天，我们只能在老式的快拍照相机上看见这些灯泡了。

电子闪光灯是最流行的便携式照明设备。电池、可充电电池组和其他电源都可以为其提供电能。除了一些内置在相机中的电子闪光灯以外，还有一些功率较大的、能够照亮较远距离的离机闪光灯。因为电子闪光灯非常快，能够凝固绝大多数动作，所以当你需要抓拍或拍摄移动的对象时，它是一个不错的选择。

闪光灯需要和相机的快门同步，这样才能在相机的快门完全打开时使闪光灯发光。大多数单反相机都拥有焦平面快门，当快门速度为 1/60s 或更低时，可以与电子闪光灯同步。此外，还有一些相机的同步快门更是

高达 1/300s。如果拍摄时的快门速度高于同步快门，那么相机的快门帘幕在这个极短的时间内不能完全打开，只会使部分感光元件感光。能让快门帘幕完全打开的最快的快门速度被称为同步快门速度。拥有叶片式快门的相机，可以在任何快门速度下与闪光灯同步。一些专用的闪光灯（专门为某些特殊型号的相机设计）还有高速同步模式，可以配合焦平面快门在任何快门速度下闪光。请仔细查看相机的使用手册，了解如何设置相机并安装闪光灯。

自动闪光灯配有传感器，在闪光灯闪光时可以测量从拍摄对象反射出来的光量，当曝光足够时，闪光灯停止闪光。即便使用的是自动闪光灯，有时你也需要手动计算和设置闪光曝光，比如在拍摄对象非常靠近闪光灯，或者在拍摄对象离闪光灯非常远，自动闪光无法达到时。与自动对焦一样，当拍摄对象不在画面中央时，闪光灯的计算结果有时也会不那么精确。

用闪光灯决定曝光与用其他光源决定曝光不一样，因为闪光灯发出的光线非常短暂，用普通的测光表根本无法测光。专业摄影师会使用手持式测光表来测量闪光灯瞬间发出的光线，但是你也可以不用测光表来计算闪光灯的曝光值。拍摄对象离闪光单元越远，其接收到的闪光灯的光量就越少，拍摄时需要的光圈值就越大。

自动电子闪光灯是自动曝光相机的标准配件。闪光灯中有光敏单元和电子线路，可以根据在曝光中测量到的来自拍摄对象反射的闪光灯光线的光量，来决定闪光的持续时间。

Nikon, Inc.

平方反比定律是计算闪光灯曝光最基本的依据。闪光灯的光线传播得越远，光线照射的范围就越广，照明的效果也就越暗。根据平方反比定律，如果拍摄对象离闪光灯的距离是给定距离的两倍，那么拍摄对象接收到的光量是闪光灯输出光量的1/4（照明的强度与拍摄对象离闪光灯距离的平方成反比）。在这里，相比距离闪光灯5英尺的物体，距离闪光灯10英尺处的拍摄对象，接收到的光量仅为前者的1/4。

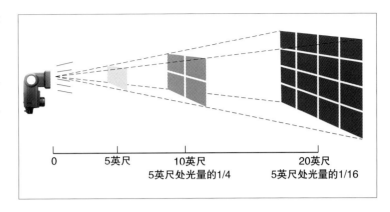

　　计算闪光灯的曝光量，需要知道两个要素：一个是闪光灯与拍摄对象之间的距离，另一个是闪光指数（在使用特定ISO下，由闪光灯生产商给出的数值）。用闪光指数除以闪光灯与拍摄对象之间的距离，就可以得出拍摄时需要使用的光圈值。

　　一些闪光单元还会有一个计算刻度盘，来帮助你计算。在刻度盘上设置好ISO，以及闪光灯与拍摄对象之间的距离后，刻度盘上会自动计算出正确的光圈值。

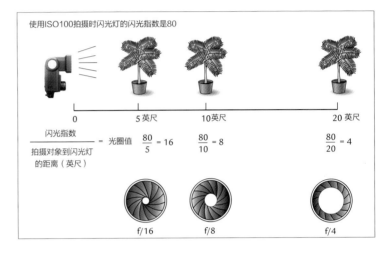

　　光线利用跳闪传播的距离是不一样的。如果要计算跳闪的曝光值，那么需要测量的就不是拍摄对象到闪光灯之间的距离了，而是反光物表面到拍摄对象之间的距离。此外，利用跳闪拍摄，还需要将镜头的光圈增加1挡或1挡半。如果反射物的表面不是白色或者色调不是很亮，则可能还需要用更大的光圈值来拍摄。

　　一些自动闪光灯的灯头还可以上下俯仰和左右旋转，这些功能都是为了跳闪而设计的，但是不管灯头的角度怎么样，拍摄时闪光灯的传感器都是一直正对着拍摄对象的。这种类型的闪光单元可以自动计算跳闪的曝光值，因为不管灯头的位置如何，闪光灯传感器都一直接收到来自拍摄对象的反射光线。还有一些相机可以通过镜头来测量闪光灯的光线，这同样适用于跳闪。

　　在容许的同步快门速度以内，改变快门速度并不会影响到闪光灯的曝光值。用闪光单元的输出（闪光指数）除以拍摄对象离闪光灯的距离，可以计算出用闪光灯曝光所需要的光量，然后可以据此设置相应的光圈值。一些闪光灯的闪光指数可能会虚标（比实际值偏高），因此在使用新闪光灯时，最好试拍一下，或者用专业的闪光灯曝光表进行测光。

使用闪光灯
布置闪光灯的位置

光线传播得越远，亮度就越低。不管光线的来源如何，是来自于窗户，还是连续发光的灯泡，抑或是闪光灯，都会遵从一个原则，即光源离拍摄对象的距离越远，光线的亮度就越低。你可以看到和测量到这样的效果，比如，你可以比较离明亮的灯泡较远和较近的物体。但是，闪光灯发出的光线非常短暂，你在拍摄时根本不能看到它的效果。普通的测光表无法测量闪光灯发出的光线，要进行比较的话，必须要有专用的测光表。

被闪光灯照亮的拍摄场景亮度往往不太均匀，因为闪光灯发出的光线的亮度会随着其传播距离的增加而降低。如果拍摄对象离闪光灯较近，拍摄时需要使用较小的光圈；如果拍摄对象离闪光灯较远，则需要较大的光圈。如果同一个拍摄场景中的不同部分离闪光灯的距离都各不相同，该怎么办呢？

有时需要重新安排拍摄对象的位置，比如，在拍摄一群人时，要使每个人离闪光灯的距离都差不多。有时需要调整你自己的位置，以便闪光灯发出的光线能够均匀覆盖到拍摄场景中的各个部分，比如，利用跳闪或者同时使用多个闪光灯。如果没有采用上述方法，那么在拍出的照片中，离闪光灯远的部分将会稍暗一些，离闪光灯近的部分则会更亮一点。如果知道光线传播得越远就会越暗的道理，那么你至少可以预测闪光灯将会如何照亮拍摄场景。

用闪光灯拍人像。在某种程度上，利用闪光灯拍摄人像非常简单，闪光灯发出的光线非常迅速，你根本不必担心因为拍摄对象在曝光过程中的移动而产生模糊。但是也正是由于闪光灯发出的光线如此之快（1/1000s甚至更短），你没有办法看清拍摄对象被闪光灯照成什么样子。然而，通过一些练习，你大致可以预测闪光灯在一些典型的不同位置时发出的光线情况。下面将为大家介绍一些拍摄人像时简单的布光技巧。

当拍摄场景中的多个物体离闪光灯的距离各不相同时，在拍出的照片中，近处的物体会偏亮一些，远处的物体则会稍暗一点儿。请注意房间的后面有多暗，甚至画面中小狗的尾巴都比它的头要暗。拍摄时，尽量使场景中最重要的部分离闪光灯的距离大致相同。

注意小狗的眼睛，不是一般的亮。在彩色照片中，眼睛会变成红色。如果闪光灯离相机镜头过近，当闪光灯照射到眼睛时，瞳孔会放大让更多的光线通过，视网膜的血管就会在照片上产生泛红现象，这个现象我们通常称为"红眼"。

Karl Baden

 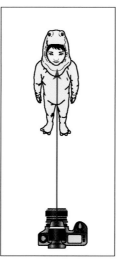  

　　利用相机上的闪光灯直打非常简单，因为闪光灯就在相机的机身上。闪光灯发出的光线从相机的位置直射出去，这样拍出的照片没有立体感，看上去比较粗糙。

　　离机直打，通常将闪光灯放置在相机的一侧，并且使其高于相机的位置，这样拍出的照片更具立体感。闪光灯和相机之间利用同步线相连。为了避免在墙上留下阴影，可以让拍摄对象离墙远一些，或者也可以提高闪光灯的高度。

 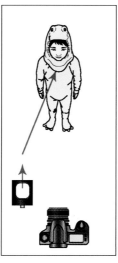  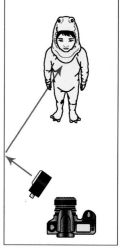

　　闪光灯向上跳闪，可以使照射到拍摄对象上的光线更加柔和、自然。还可以利用反光板和反光伞将光线反射至拍摄对象。要注意，跳闪会使照射到拍摄对象上的光量变少，一些闪光灯会自动对其进行补偿，或者你也可以手动对曝光进行调整（详见第145页）。

　　闪光灯向旁边跳闪，可以使照射到拍摄对象上的光线更加柔和、讨喜。可以利用浅色的墙面、大面积的白色反光板、反光伞来实现。拍摄对象离反光设备越近，阴影就会越明显。为了避免在后面的墙上留下阴影，可以让拍摄对象离墙面远一点。

闪光灯作品案例

摄影师：Paul D'Amato，《欢庆》，1993年摄于芝加哥

闪光灯凝固了动作。通过闪光灯来凝固动作非常简单。电子闪光灯的发光时间非常短暂，只有1/1000s甚至更短，可以凝固绝大多数动作。

请注意背景中的人物，离闪光灯越远的人，在成像中越暗。照片中有轻微的模糊，这主要是因为为了同步闪光灯，而将快门速度设置得较低。

摄影师：Carl De Keyzer，《GI.K.6》，2002年摄于俄罗斯的克拉斯诺亚尔斯克

闪光灯照亮的阴影。如果没有闪光灯，在这种环境下拍摄，将会使人物笼罩在阴影中。从照片中人物和建筑物的影子中可以大致判断出太阳的位置。这里，鸟的翅膀产生了一些模糊，主要是因为曝光过程中翅膀产生了移动。这张照片中显得尤为明显，还因为有阳光的作用。

摄影师：MARC POKEMPNER，《Dawn at Theresa's》，摄于1974年

第9章 像相机一样观察

照片中记录的世界不同于你所见到的。通常情况下，照片只记录了这个世界中的一小部分，而且还是平面的。黑白照片比彩色照片更抽象。照片中所呈现的与你所拍摄的实际对象并不完全相同，照片以某种方式表现着原始场景，但是它也有着自己的生命和含义。理解和掌控这种变化的唯一途径就是不断地拍摄，拍摄、观察、思考，然后继续拍摄下一张。

照片能讲述一段故事，激发一丝情愫，唤醒一种心情，它们能传递政治、社会或宗教观点，还能暗示某个事件。你所拍摄的照片是否重要，完全取决于你拍摄时的决心和努力。

可以通过两种方式提高你的摄影技能。 第一，多欣赏名家的作品，这将有利于提高洞察力和发现灵感。因特网很有用，好的图库与好镜头同样重要。第二，照片可以影响周围的人。将多张照片像句子一样串联起来，可以表达更丰富的含义。比如，第170页~第171页中的两张照片就表达了城市生活中的浪漫和坚韧，将它们放在一起，比其各自表述的含义要丰富得多。

本章中展示的作品就是很好的起点，除了实践之外，没有更好的方法可以提高你的摄影技能。每次按下快门前，问问自己想通过这张照片表现什么。看看还有没有其他的选择？用竖幅构图代替横幅构图，效果将会如何？如果从低角度拍摄又会如何？如果用慢镜头拍摄动作又会怎样？试试不同的变化，即使你并不知道照出来会是什么效果。你可以随便尝试，这样才能领悟到拍的真谛。下面的内容，将会教你具体如何选择，如何拍摄。

摄影师：Santiago Harker，《选择》，1985年摄于哥伦比亚的 Norte de Santander.

刚接触摄影，你会怎么拍摄？ 拍人物的全身像、半身像，还是只拍脸？或者仅仅是反映他们生活的一部分？

相反，摄影师会靠近拍摄对象，并且手指时刻放在快门上。当相机靠近拍摄对象时景深很浅，此时在拍摄场景中选择和对焦你想突出的部分很重要。

如上图所示，不同的摄影师有很多不同的选择。摄影师 Harker 选择了全色、自然光、对焦在远处、深景深，以及竖幅构图。更重要的是，他在形式和内容之间选择了一种不同的平衡，在对事件的清晰描述上突出了大胆的色彩和强烈的构图。

照片中有什么
取景与构图

拍摄首先要做出的选择是取舍。照片的取景，也就是你从取景器中看到的矩形区域，只是展示了拍摄场景中的一部分。

在按下快门之前请确认是否要展示整个场景（或者尽可能多地取景），或者你是否要移动到拍摄对象跟前（或者使用变焦镜头拉近拍摄）来获得细节。可以通过拉近镜头来拍摄特写，也可以拍摄全景。

你的目标在画面中的什么位置？一般情况下，人们的关注点都会位于场景的中央，并且大多数人在拍摄时习惯将拍摄对象放在画面的中间部分。一般来说这样并不是最好的选择，不过也有例外，我们还可以遵循一些其他的拍摄准则。

当通过取景器观察时，想象在浏览最终拍摄的照片，这将帮助你更好地进行拍摄。不仅要观察主要目标，周围的景物也同样非常重要。

拍摄完成后，在后期处理环节，还可以通过裁剪等手段来改变构图。当然，最好的办法还是在拍摄时，就能使构图一次到位。

Karl Baden

应该选取多少目标？放在照片中的和舍弃掉的东西是摄影时最重要的决策。是要包括整个的对象，还是只要表达你观点的对象细节？

摄影师：Terry E. Eiler，《年老小提琴家的聚会》，1978年摄于弗吉尼亚。

可以对照片进行适当裁剪，以突出中间的小提琴乐手。

阅读提示：裁剪

步骤： 当拍摄取景时，可以通过取景器来完成不同的构图。剪一片 8×10 英寸的矩形黑色纸板来观察拍摄对象，这样可以帮助你更好地取景。

将主要拍摄对象放在画面的一边或角落，这样会使构图看上去不平衡吗？

将水平线放在照片的最顶端或最底端，或者有意使之倾斜。

将场景的中央"放空"。将观察者的兴趣点指向画面的边缘。

拍摄一张没有头的人物照片，试着表达人物的个性。

让某人在场景中注视，或伸手拿场景外的东西。在取景器中使他们靠近注视或伸手方向的一边。然后从场景的一边移到另一边。

拍摄某个对象的全部：一个人、一个店面、一只动物、一把加厚椅子，可以是任何你感兴趣的东西。试着靠近一些。你会如何利用取景器裁切画面呢？会将其四周全部剪掉？一边比一边多一点？更近一点。摄影记者Robert Capa说过："如果你的照片不够好，那是因为你离得还不够近。"你赞同吗？

怎样做？ 怎样才能拍得更好？怎样拍才能更有创意？

照片中有什么
背景的处理

观察背景。当观察一处拍摄场景时，你会下意识地关注你直视的对象，而对背景或视线外的东西则不那么上心。如果专注于感兴趣的对象，你可能不会关注它附近的东西。然而相机的镜头可以看到它们，并且还可以不加选择地拍摄出来。那些不想要或不感兴趣的细节可以被人眼所忽视，但是在照片中它们还是会相当显眼。为了减少这些影响，可以使背景虚化或者改变拍摄角度，如本页第二张照片所示。

主题在哪儿？ 在这张照片中，背景中的对象分散了观赏者的注意力，从而容易使人忽视前景中的男子和鸟。如果这张照片主要想表现居住的意思，那么背景中的房子对照片的贡献很大。但是如果是想表现男子和他的鸟，则背景中的元素就无关紧要了。

摄影师只需简单地移动镜头，改变拍摄角度，就能有效消除背景的干扰。简单的天空再也不会分散观赏者的注意力。

摄影师：Lee Friedlander，《纽约城》，摄于1974年

明确你看到的场景中的背景和主体。 如果不注意，你可能会完全失去拍摄主题。混乱的背景和前景，也有可能就是主题。这里，摄影师 Friedlander 利用明暗法，来揭示纽约城中一尊雕塑的生命强度。这张照片看上去很混乱，但却极具视觉张力。

即使仅仅关注一个对象，相机也会很公平地记录下它视野中的所有物体。一张照片能表现出相当不同的前景与背景之间的关系，远胜于你的想象。

阅读延伸：**利用背景**

步骤： 搞清楚照片中的背景是拍摄主题的补充还是对比。比如，有人在一个巨大的华丽咖啡机前喝咖啡，一对夫妻在笑脸海报前争吵，一个小孩在"图书馆关闭"的标识牌前，一个店主站在商店门前。

从取景器中观察你想拍摄的不同位置。

怎样做？ 多比较别人拍摄的各种好照片。背景能和主题一样清晰吗？背景的贡献是什么？

景深
哪些部分是清晰的

当你观察一处场景时，在同一时间内你的眼睛只能聚焦在一个距离上，在其他距离上的物体并不能看清楚。当你的目光从一个物体移到另一物体上时，你的眼睛自动调整焦距，来看清楚需要看到的物体。如 157 页的下图，如果你在拍摄场景的对面或下面，你可能会看到铁丝架，而不会对水手特别关注。如果你想观察水手们，你的眼睛会立即重新聚焦到他们。但是在摄影中，不同距离的物体的清晰度不同的，这是由于焦点关系在曝光时就已经确定了。充分利用这一点，可以很好地引导观赏者的目光。

控制景深。在一些拍摄场景中，你无法选择景深（无论远近，所有物体都比较清晰）。比如，在弱光环境下，或者使用低 ISO 来拍摄，拍出的照片景深不得不非常浅。但是在通常情况下，你还是能在某种程度上控制景深的，通过对景深的控制，可以突出拍摄主题。

摄影师：Eliot Porter，《Piute Rapids河边的砂砾和泥土》，1962年摄于犹他州

风景照片的前景和背景都是清晰的。此时，清晰地表现出整个画面比突出任何一部分更重要。如果你站在相机前，场景中的所有部分对于你来说都是清晰的。与简单地增强照片的现实感不同，这种由全部清晰造就的二维图形质量同样能引起人们的注意。

利用景深

步 骤：当你观察不同的主题时，试着预估一下你需要多大的景深，以及要使照片清晰你需要增加（或减少）多大的景深。第51页中展示了如何利用光圈、焦距和拍摄距离来调整景深。

利用不同的景深，对同一个场景多拍一些照片。请看第49页中的风景作品，你可以使整个场景都很清晰，也可以使前面的石头清晰，使背景模糊。

记住你的光圈值、焦距和拍摄距离，以及你选择它们的理由，这样对以后的拍摄会有帮助。

怎 么 做？比较你的拍摄结果。当你采用某种拍摄方式时，能使场景中的对象都清楚吗？当你希望一些场景模糊时，它们足够模糊吗？现在你观看照片，看到了你下次想尝试的东西了吗？

摄影师：Elliott Erwitt，《大都会美术博物馆》，1949年摄于纽约

当前景清晰而背景逐渐柔和时，景深的梦幻色彩增强了。从近景到中景的平和过渡强调了照片的现实主义色彩。

摄影师：Ray K. Metzker，《环》，1958年摄于芝加哥

这张照片中的背景是模糊的，摄影师希望这些模糊的人物成为更重要的元素。根据人类的视觉习惯，我们会自然地更加关注离自己更近的东西。然而凡事总有例外，这张照片就将主题放在了照片的边缘。

照片中的时间和运动

照片是时间的片段。可以将拍摄想象成是在对时间进行切片，宽切片用慢速快门，窄切片用高速快门。在时间片段中，如果物体是移动的，你可以在照片中将其凝固，也可以使其轻微模糊，甚至还可以让其完全模糊，直到分辨不清。如何表现，主要还取决于快门速度、物体移动的方向等。

为突出某一部分而刻意使其模糊。如果拍摄对象在曝光时产生了移动（或者是拍摄对象静止，而镜头或背景移动了），你就有了发挥的空间。此时可以利用三脚架来拍摄，当拍摄对象移动时，一定要保持背景清晰。很少有拍摄对象的运动会导致整幅图像模糊，除非你用太慢的快门速度时相机抖动了，但有时全部失焦也是一种视觉表现。

摄影师：Jim Stone，《Country and Samm Running the Swings at the Puerto Rican Festival》，1985年摄于纽约罗切斯特

通过控制快门速度来表现运动。1/4s 的快门速度足够用来模糊旋转飞车，通过模糊，我们对这张照片留下来深刻的印象。通过引入时间因素，摄影可以使自己比其他的图形艺术更具特色。

阅读延伸：

展现运动

你需要

一个三脚架，这样才能在长时间曝光时保持相机稳定。

步骤：以不同方式拍摄一系列表现运动的照片。选择一个能供你多次拍摄的场景，比如，拥挤大街上走动的人群、秋千上的儿童，以及运动的水或树叶。也可以让拍摄对象做重复动作，比如滑滑板、跑步、跳舞等。

怎样拍摄才能使人们感觉拍摄对象在运动？尝试使对象清晰。尝试使相机与对象一同移动，这样会使对象清晰，同时背景模糊。第23页中介绍了一些能让你表现运动的方法。

试着从不同的角度拍摄，比如在接近地面的位置。离移动的拍摄对象越近，模糊效果越明显。

记住快门速度、拍摄距离，以及拍摄对象的移动速度，对你今后的拍摄会有帮助。

怎么做？

怎样才能拍得更好？有没有拍过太模糊的照片？有没有使拍摄对象几乎完全消失了？

摄影师：Russel Lee，《Soda Jerk》，1939年圣体节摄于得克萨斯州

时间因闪光而凝固。通过闪光灯的突然闪光，快速运动的冰淇淋在半空中停止了。这种突然停止时间的做法非常逼真，比如，在某人演讲时拍摄他的面部。用这种方法，同时也能制造出人眼从未见过的魔幻效果。

摄影师：Lou Jones，1998年摄于波士顿

让你的相机始终对焦于运动的拍摄对象。拍摄这张照片时，摄影师在旋转飞车中，他用慢速快门锁定了周围的游客，同时使场景中的这部分没有因为运动而产生模糊。通过摇动镜头或移动相机来拍摄运动的对象，通常会使你的照片产生这样的效果：一个对象清晰而背景则形成了条纹。

照片中的空间深度
三维变成二维

照片似乎改变了空间深度。通过拍摄，你将三维的场景变成了一张二维的图像。拍摄时，你可以拉伸空间，使物体看上去特别远，也可以压缩空间，使物体看上去更平更近。比较本页两张城市建筑的照片，一张给我们的感觉是一个平面，看起来建筑物一栋紧挨着一栋，而另一张的场景看上去则很有空间感。

是你的选择产生了这样的差异。拍摄上图所示的照片时，使用的是长焦镜头。拍摄下图所示的照片时，使用的是标准焦距镜头和俯拍的方式。第50页～第51页中有更多关于如何选择镜头和拍摄位置的内容。

你的所有选择都会影响照片中的空间深度。比如，仅仅展示对象的一部分或者用窄视角来拍摄场景，可能会减少照片中的信息量。采用长焦镜头能比较简单地做到这一点，但是取景、对焦、拍摄位置和灯光都非常重要。

当你拍摄时，真实的三维世界被自动截取成了二维照片。但是，就像控制自动聚焦和自动曝光一样，通常情况下最好能自己做出选择。

摄影师：Dan McCoy，《曼哈顿中心》，摄于1973年

城市的两种视角。从上图的角度来看建筑物仿佛一个紧挨着一个的顶部。俯视则使建筑物看上去更具立体感。你的所有选择，尤其是长焦距、光线、有利位置和对焦，都对将三维世界转化为二维照片很有帮助。

摄影师：Berenice Abbottt，
《纽约夜色》，摄于1934年

如何选择拍摄时机、有利的拍摄位置、拍摄角度以及镜头是一件很复杂的事。你不仅仅是在拍摄，而是在创作。要记住，与观赏世界不同，观察照片是一种不同的体验。

下图的构图非常有序，从而给人一种平静的感觉，有一种童话书中一般的幸福，我们无法将这种感觉归于简单的镜头或景深。左图看上去很无序，以至于不能在第一眼就判断出它拍的是什么。

这两张照片带给我们两种完全不一样的感觉，我们通常称之为风格。风格需要时间的积淀，并且其中还结合了对拍摄工具的理解和对拍摄对象的判断。

摄影师：Larry Fink，《喝酒的男人》，1982年摄于Alon Turner Party

当一张照片太复杂时，往往第一眼很难判断。很多摄影师非常乐于制造这种效果。

摄影师：Pete Turner，1961年摄于Ibiza Wornan

你可以根据地点、时间，以及如何拍摄，来简化拍摄对象。

用摄影来表达意图

有的时候，好的构图和技术并不一定是摄影唯一追求的目标。对于很多人来说，选择一个拍摄对象，拍摄出一张合理的照片就足够了。事实上，许多摄影师仅仅依靠这一点就可以过上很好的生活。所有照片都包括形式和内容，同时两者之间有一个微妙的平衡关系，这是需要摄影师控制的。如果你希望进行额外的挑战，可以考虑如何结合照片的形式和内容来体现创作的理念。

有的时候，可以通过照片来强调某一种感觉。拍摄时，不要仅仅考虑对象看起来像什么，同时也要考虑它还能是什么。这样拍出的照片往往可以表现出超越对象本身的含义。

考虑照片的物理质量。 微棕色大纸的暖色调赋予了印刷版照片一种情绪上的温暖。下方这幅宽屏全景风景照展示了无尽的地平线。尺寸会改变图像的表现效果，小照片通常会显得很挤，而大照片看上去则会更有气势。深景深照片在表现效果上会大不相同。

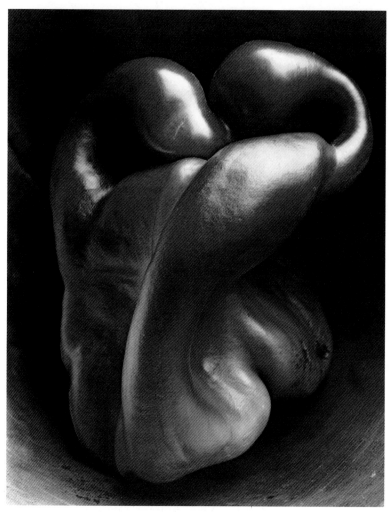

摄影师：Edward Weston，《胡椒30#》，摄于1930年

拍摄单一的对象时，即便是再普通的形状也会给人启发。关于这张照片，摄影师 Weston 说，"它是经典的，相当让人满意。它是一个胡椒，但又不仅仅是胡椒。因为抽象，它完全超越了自我。"

摄影师：Warren Padula，《嘴》，摄于1996年

这张照片中，超市里的牛奶通道仿佛一个张开的大嘴。拍摄时，利用超市购物车的底部行李架作为三脚架，用一个简单的无透镜盒自制成针孔相机。这提醒我们，拍摄的成败不在于是否拥有昂贵的器材，而取决于拍摄者的努力和能力。

摄影师：Art Sinsabaugh，《中西部风景24#》，摄于1961年

照片的形状可以影响其内涵。这张照片采用的全景方式表现出无限的地平线，这种拍摄方式经常被用于拍摄美国中西部的风景照。

拍摄人物

好 的人像摄影作品应该不仅仅局限于描述人物的样貌，还应该捕捉表情、揭露情绪，或者能够诉说人物的某些故事。道具、服装、拍摄环境，这些往往都不是必需的，但是它们的确能表现出这个人怎么样，或者是什么类型的人。

让拍摄对象感到放松。你必须首先放松自己，或者至少让自己看上去是放松的。要对你的器材非常熟悉，这样拍摄时才能更加熟练。

人像摄影千万不要敷衍了事。可以先拍一些照片来热身，这样能使拍摄对象消除紧张情绪。

如果可能，请尽量使用 1/60s 或更快的快门速度拍摄，这样你才能捕捉到美丽的瞬间。不要要求拍摄对象机械地微笑，平静、愉悦、放松的表情看上去要比做作的微笑好得多。

光线。看看要对拍摄对象做些什么。柔和的漫射光最容易利用，适合拍摄大多数人脸，而且不太受拍摄位置的影响。

利用侧光进行拍摄，会使人物的面部更具立体感，同时会更加突出面部的纹理，包括皱纹。对很多人来说这样拍摄很好，但是对一些人来说则不尽然，比如，你的 Pete 叔叔仍然希望自己看起来像过去年轻的时候一样。顺光产生的立体感要比侧光少，但是它会掩饰一些小瑕疵。

摄影师：Judith Joy Ross，《Maria I. Leon》，陆军预备队，摄于1990年

柔和的侧光突出了这名士兵的力量和专注。环境是模糊的，因此我们可以更多地关注人物，以及想象她的境况和与摄影师之间的交流。

阅读延伸：

人像摄影

步骤： 拍摄人像的方法很多。一个人物往往可以用很多种方式来表现，一般而言，两种就足够了。同时让你和拍摄对象都感到很放松可能要花上一点时间。拍摄时，也可能存在很多意外情况，因此你必须考虑得更周全一些。

作为人像摄影的基础，传统的半身照是不错的开始。你能从中学到什么呢？

尝试不同的拍摄地点和背景，如公园、家、单位等。背景看起来令人高兴吗？选在学校一排破旧的橱柜前怎么样？

如果拍摄对象感觉到足够放松，他能表达生气、沮丧、幽默等不同的情绪吗？

改变光线：顺光、侧光、顶光、底光、逆光，直对太阳、隔着窗户、在阴影下。

一定要看到人物的脸吗？可以从后面拍摄一张有内涵的人像作品吗？比如剪影？

当你和拍摄对象都感到疲惫时，说明你已经拍得够多了。

怎么做？ 哪些是你最喜欢的照片？为什么？哪些是拍摄对象最喜欢的？为什么？背景、道具，或者其他对拍摄有帮助的东西怎么样？不认识拍摄对象的人，通过观看照片如何评价这个人？

摄影师：August Sander.，《面点师》，1928年摄于科隆

让拍摄对象看着相机镜头能创造一种与观看者之间的眼神交流， 会传递出更加亲密的感觉。1920 至 1930 年间，Sander 拍摄了成千上万张这样的人像作品。

当你希望用一种特定的拍摄方式来表现人物时，就需要在拍摄时加入更多的控制。你可能希望拍摄对象自然一些，就像你们偶遇一样。即使你已事先做好了安排，比如，要求拍摄对象穿什么样的衣服，或者让他们摆出指定的姿势等，拍出的照片仍然可以看上去显得很随性。

有些人像照片应该看上去更加正式。政治领导人或商人可能想要一张传统的肖像照。而名人杂志则可能希望人物照片看上去更华丽。这些风格的达成，需要摄影师对光线的运用有着深刻的理解，这些照片通常会在人造光线下拍摄而成。

当以商业目的出售拍摄的人物照片时，要注意版权的保护。网上有许多出售的合同模板，此外ASMP（美国媒体摄影师联合会）对其会员还提供相关的服务。

摄影师：Yousuf Karsh.，《温斯顿·丘吉尔先生》，摄于1941年

摄影师只有两分钟的宝贵时间来拍摄这位领导人。丘吉尔来拍摄时嘴上仍叼着他那标志性的雪茄，摄影师 Karsh 本能地伸手拿走了它。然后捕捉到丘吉尔那一瞬间的愤怒，对其而言，代表着英格兰在战时的蔑视。

摄影师：Annie Leibovitz.，《Steve Martin》，摄于1981年

戏剧风格对拍摄演员来说再合适不过了。Martin 是一名狂热的当代艺术品收藏家，拍摄时他模仿了 Franz Kline 作品的风格。

拍摄风景

如何拍摄一处风景？不同的摄影师有自己不同的观察方式。对你而言最重要的是，你希望记录什么？风景中哪一部分最好？是整个还是其中的一部分比较迷人？风景在对你说什么？

四处走走，从不同的角度来观察风景。你的位置在相当程度上影响着前景和背景的关系，离目标越近，则一点轻微的移动都可以改变背景。改变视角后，目标可能会以新的方式展现出来。

摄影师：Richard Misrach，《痕迹》，1989年摄于内华达州黑色岩石沙漠

每处风景都有不同的看点。这些痕迹是如此美丽，让我们明白在保护地球方面做得还很不够。许多风景照片试图将文明的标记排除出去，摄影师 Misrach 就以这种侵蚀作为主要的拍摄题材。

摄影师：Stuart Rome，《Horsetail瀑布》，1996年摄于俄勒冈州

通常情况下，风景照片从前景到背景都是清晰的。利用小光圈可以增加景深，但必须延长曝光时间。这里，长曝光可以将瀑布表现为丝绸般柔滑，与周围坚硬的岩石形成鲜明的对比。

摄影师 Rome 从岩洞中往外拍摄，以森林作为背景。拍摄者的位置深深影响着前景和背景之间的关系，距离目标越近，则一点点位置的改变都可以改变其与背景之间的关系。

摄影师：Barbara London，《Point Lobos》，1972年摄于加利福利亚州

拍摄风景不一定必须采用广视角。这幅从上往下拍摄的干泥浆照片有一点让人迷惑。不仅主题不明确，拍摄手法也不清晰。改变你的视角，拍摄对象会以一种全新的方式呈现出来。

拍摄城市

你如何看待城市？是舒适还是混乱的场所？人们或建筑为城市赋予了怎样的特色？你是生活在这个城市还是仅仅是位过客，利用相机来展现它？

步行能带给你更多的拍摄时间。 当看见感兴趣的东西时，请停下脚步，不要太匆忙，以至于不能停下来思考如何构图或者等待进入场景的人物。运动的行人、狗、城市公交等，可能就是使城市摄影与众不同的摄影元素。

在光线最好的时候重返场地。 不同时间段的阳光，照射的角度不一样。与阳光明媚的天气相比，多云或阴天更加影响着情绪和氛围。

不要忽视夜间拍摄的可能性。 三脚架可以帮助你进行长时间曝光，不过将其放在熙熙攘攘的人行道时要格外小心。

选择正确的时间更加重要。 市区的街道在周末的早晨会显得相当荒凉，高峰时段是捕捉人物的极好机会。

摄影师：Alfred Stieglitz，《*Flatiron建筑*》，1903年摄于纽约

谨慎选择拍摄时机。柔焦和冬天相结合可营造出一种平和、沉思的感觉。

摄影师：Walker Evans，《墓地和钢厂》，1935年摄于宾夕法尼亚州伯利恒市

　　你的拍摄位置决定着照片中对象的关系。摄影师 Evans 让我们在他的作品中看到了公寓的窗户、墓碑，以及背景中平行的烟囱，所有这些因素看上去是自觉聚集在一起的，如布道一般。

拍摄室内场景

拍摄室内场景往往对摄影师提出了更多的挑战，克服这些困难会收获更多。每一个室内空间都有其自身的特点，你可能要捕捉空间本身的个性，也可能会利用它来突出拍摄对象。室内摄影反映了居住或工作在此的人们的生活，或者仅仅是那些路过的人们。当人物照片揭示了周围的某些东西时，相对于比较简单的人物肖像，它们更容易让人们找到共鸣。

在室内拍摄位置会受到很多限制。 你为了拍下所有对象而后退时，总会碰到一堵阻碍你的墙。不要幻想和那些经常进行室内摄影的建筑摄影师一样，使用不同焦距的广角镜头。

摄影师：Shelby Lee Adams，《Napier的起居室》，摄于1989年

如果需要的话，可以自带光源。 拍摄阿帕拉齐家庭系列照片时，摄影师 Adams 携带了很多闪光灯，以便为昏暗的室内提供足够的光线，同时能更好地表现拍摄对象。

关注光线。大多数室内空间都会有不止一个光源，墙上有窗户，有时在白天也需要用人造光源对窗光进行补光。有时候照片上出现的阴影比在实际场景中更让人讨厌，此外要注意侧光和顶光带来的对比过度。如果你不能控制光线，你可能会在不同的区域看见不同的颜色。

室内光线要比室外少得多，而且室内光线几乎是不变的。在室内拍摄时要注意景深，这对于室内摄影来说尤其重要，因为拍摄者通常离拍摄对象很近。离得越近，景深越浅。如果需要用小光圈来拍摄全景，你可能还需要用到三脚架和一些额外的光线。

摄影师：Catherine Wagner，《语言实验室》，1983年摄于加利福尼亚州蒙特里

在美国教室系列作品中，摄影师 Wagner 通过拍摄一些非主流的教育空间，来突出我们文化对秩序的热衷和知识的价值。

思考与总结

"**很**好"，"**不太好**"。当你看到照片时，除此之后还能说些其他的什么吗？多看其他人的照片能帮助你提高拍摄水平。

此外，看其他人的作品时，你要能看到和评价自己的真实水平。你透过相机镜头看到了什么？你将脑中的景象转换成照片的程度如何？你下次能做得更好吗？

下面是一些评价照片的项目。你不需要每次都进行比对，但这确实是一个好的开始。

照片类型。人像摄影？风景摄影？广告摄影？新闻摄影？你认为照片要表达什么？标题能够提供信息，但是最好首先观看照片，以免标题限制你的想象。

假设照片是一张人像作品。它是跟拍摄对象充分沟通后拍摄的吗？是摄影师的个人表达吗？只是拍摄了一个简单的身体，还是另外展现了其他的个性？周围的环境有什么影响吗？

强调。你的注意力被照片中的某些部分吸引住了？什么吸引了你的眼球？是因为景深太浅，从而导致只有主要的对象是突出的？

技术层面的考虑。是锦上添花还是适得其反？比如，明暗对比是大还是小？是否适合拍摄对象？

情绪或物质的影响。照片让你感到沮丧、困惑还是平和？让你的视野变宽，还是让你感到紧张？哪些元素能导致这些反应？

除了一些直观的元素以外，照片还告诉你了什么？比如，一张时尚摄影作品是讲述关于服装设计的呢，还是我们文化中男人和女人间的相互影响呢？

相信你自己对照片的判断。如何真实地面对一张照片？怎样关注它？明天你还会记住些什么？

摄影师：Tom Young，《Bicycles》，摄于 1995 年

看到这张照片时，你有什么反应？这些自行车暗示着孩子们的存在。你想知道孩子们在哪，或者他们在干什么吗？照片中，虽然前景比较暗，但是远处的房子却非常明亮。通过这张照片，你是看到了希望，还是看到了绝望？从该照片破损的边缘可以看出，摄影师使用的是宝丽来的负片拍摄的。这张照片使你在感觉上产生什么变化了吗？

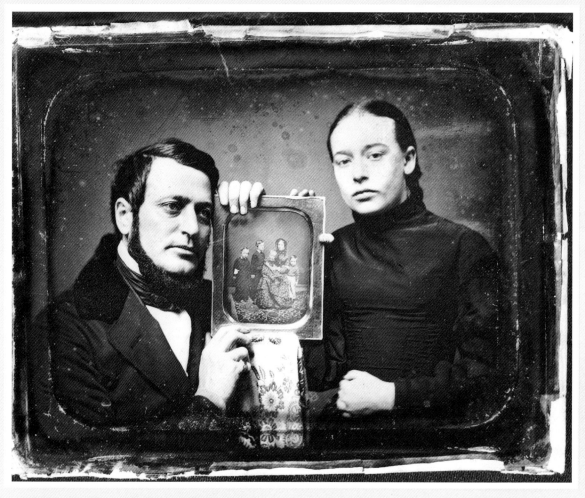

摄影师：佚名，夫妻手持银版照片（用达盖尔摄影法拍摄的照片），摄于1850年

在 19 世纪，家庭照片中通常包括已经去世或无法参加拍摄的家庭成员。这其实是在试图解释图中人物之间的关系。上图中的男人小心翼翼地拿着银版照片，他的手指抓得很松也很自然，甚至还使自己的头碰到照片。女士则与照片接触较少，只有右手与之接触，并且左手握成拳头状。此外，女士在拍摄时直盯镜头，嘴角有点下拉，与具有柔和目光并沉浸在美丽回忆中的男人形成鲜明对比。所有的意义已经被照片展示出来，但到现在为止仍无法对这样的表情进行解释。

第10章 摄影的历史

19 世纪，世界上出现了很多重要的发明，比如，电灯、安全别针、炸药、汽车和摄影等。在所有这些发明中，摄影或许带给了人类最大的惊奇与愉悦。

摄影取代了早前艺术的部分功能——记录真实的视觉信息，比如，物体的形状、大小，以及与其他物体的关系等。有了摄影，人们不需要借助绘画就可以"用阳光绘制缩小的物体"，不需要从绘画中获得关于战争与远方的浪漫表述，就可以看到第一手的视觉报告。很快，摄影成了别具一格的一门艺术。

针孔式相机是现代相机的前身。众所周知，光线从针孔中穿过就能形成图像。公元 10 世纪的阿拉伯学者 Alhazen 描述了这种效果，并讲述了如何通过暗箱（实际上是暗室，指一个黑暗的房间中有一个小孔，透过它可以看到外面的景物）来观察日食。到了文艺复兴时期，人们发明了适合针孔的透镜，它能用来提高图像的质量，将房间大小的暗室变成如盒子大小并便于携带的小暗室。暗箱则成为辅助艺术家作画的工具（它可以将入射的物体图像反射到白纸上）。

而此后如何将图像永久地定形于"白纸"之上却成为急需解决的问题。17 世纪早期，将银混合物在光线下曝光成像成为了解决上述问题的良方，但如何恰当地停止其成像反应并保持图像的明度又成为急需解决的难题。

Joseph Nicéphore Niépce 制成了第一张可以被永久性保存的照片。他是一位生活于法国中部的发明家。Niépce 对石版印刷做了很多的尝试之后，萌生了尝试用 camera obsura 直接生成图像的想法。他的首次尝试采用了氧化银，因为他知道这种材料在曝光之后会变暗，而地沥青（沥青的一种）遇光后会变得比较硬。Niépce 把沥青溶解到薰衣草油中，溶质完全消失之后，把这一混合物覆盖到一张白蜡版上，他把这张经过处理的白蜡版放入暗箱并将它朝向一扇打开的窗户。曝光长达 8 个小时，光线在版面上形成了图像，沥青的受光处也变硬了，并且黑色区域中的色调非常柔和。之后 Niépce 采用薰衣草油来清洁版面，此举去除了沥青中没有受到光线触击的那部分物质，最终制成了这一永久性的画面，如上图所示，他把这种处理方法称为 heliogtaphy（光画），这一词语源自于希腊语 helios（太阳的意思）与 graphos（绘画的意思）。

摄影师：JOSEPH NICéEPHORE NIéEPCE，《格拉斯的窗外景致》，大约摄于 1826年，光画

Niépce 拍摄了世界上第一张照片，大约在 1826年时从他的住宅里看到的庭院建筑景象。这张照片是用一张涂了沥青的白蜡版记录的，这种沥青见光会变暗。未被光线照射的沥青依旧柔软，且随后被清洗下去，留下了永久性的影像。这张照片的曝光时间如此之长（8个小时），以至于太阳在空中的移动导致出现了建筑物两侧都被照亮的效果。

达盖尔银版法：银版上的图像

Niépce 发明的这种新的工作方式，吸引了另一名法国人 Louis Jacques Mande Daguerre 的注意。Daguerre 此前一直在利用针孔照相机绘制草图，并且也对图像的保存很感兴趣。他给 Niépce 写了一封信，建议两人互通信息，终于在 1829 年，他们决定合作。

在 19 世纪中期，人们渴望发明一个像摄影一样能够记录图像的方法，那时的科学界对于发明新的技术十分感兴趣，对于发明的渴望十分强烈。在西方国家中，只有不断壮大的中产阶级才有经济实力拍摄照片，他们尤其钟爱家庭肖像。此外，人们对远方的风景也很感兴趣，有条件的会亲自去旅行，不能成行的则会购买相关的旅行书籍和照片。

Niépce 并没有在有生之年见到摄影对全世界的巨大影响，他于 1833 年去世。数年之后，Daguerre 成功发明了与 Niépce 完全不同的摄影技术，世人称之为"达盖尔银版法"。

人们对达盖尔银版法的反响是巨大的。在经历了与 Niépce 共同实验和独自实验的几年后，Daguerre 最终成功实现了他的方法，并且在 1839 年 1 月 7 日在法国科学院向世人宣布了这一技术。一份法国报纸狂热地写道："完美的一击！多么优美！伟大的胜利！……这种透视法令人如此惊奇，这是自然本身吗？"

几乎在宣布实验成功的同时，达盖尔银版法摄影工作室成立了，它为大众提供"太阳绘画缩影"服务。截至 1853 年，全美估计每年有 300 万人使用该方法照相，其中大部分是肖像照，也有一些风景照。

摄影师: LOUIS JACQUES MANDÉ DAGUERRE，《艺术家画室里的静物》，摄于1837年，达盖尔银版法

已知最早的达盖尔银版法照片是由这一方法的发明者—Louis Jacques Mandé Daguerre 拍摄的。照片的曝光时间大约为几分钟，远远少于 Niépce "光画"所需要的 8 小时，且效果也远远优于"光画"—细节清晰，影调丰富。达盖尔银版法受到极端热情的欢迎，甚至有人写诗称颂："光是沉默的艺人，无需人力即成，闪亮银版上的图形，达盖尔不朽之功。"

摄影师: 佚名,《17岁的Emily Dickinson》, 大约摄于1847年, 达盖尔银版法

达盖尔版法在美国大行其道。数以百计的美国人,无论是名人显贵,还是无名之辈,都去拍摄肖像照片。尽管曝光时间已经缩短到了一分钟以内,但仍长得足以要求被摄人保持固定的优雅姿势。这张照片是由一位在街头用达盖尔法拍照的摄影师拍摄的,也是已知的19世纪女诗人Emily Dickinson唯一的照片。就像她的诗歌一样,照片表面上看很直白,但在更私密的程度上显示出一种躲避。Dickinson后来描述自己看起来"小如鹪鹩,发如栗刺,两眼如同客人杯中喝剩的雪莉酒。"

银版是将高光亮度的银质金属安置在一张铜版纸上制的,这样放置会使银质金属片滑落并掠过盒子中装有碘晶体的容器,然后产生反应。上升的水蒸气会与银产生反应并产生对光线敏感的碘化银化合物。在相机曝光期间,银版会记录一个潜影,发生了一次肉眼所看不到的化学反应。为了冲洗出银版上的图像,银版会滑落到一个底部装有热水银的盒子中。水银蒸气会与银版曝光过的区域产生反应,无论银版的哪个部位受到了光线的照射,水银都会形成如雾气一般的、含有银粒子的汞合金,从而形成图像明亮的区域。而银版上没有受到光线照射的那一部分则不会形成汞合金,没有发生改变的碘化银会溶解于硫代硫酸钠溶液中,从而产生黑色的金属面以形成照片的暗部。

在那时,银版摄影非常流行,但它存在着致命的技术缺陷。很多人抱怨拍摄出来的图像并不清晰,只有在某些特定角度拍摄出的图像才会比较清晰。此外冲洗处理中出现的水银蒸气具有较高的毒性,并且会缩短银版摄影师的寿命。但是,最为严重的缺陷是每一块银版都是独一无二的。除了重新使用原来的银版之外无法将其进行复制制作。精美的银版会在负像和正像的转换过程中被快速且轻易地侵蚀掉。

碘化银纸照相法：纸上的图像

在 1839 年 1 月 25 日，即法国科学院公布达盖尔银版法的三个星期之后，一名英国的业余科学家 William Henry Fox Talbor，在大不列颠皇家科学院宣称他也发明了一种可以永久性地保留住暗箱拍摄出的图像的设备。

Talbot 使图像呈现在了纸上，他首先通过把物体放在氯化银感光纸上，并将它们曝光于光线中的方法获得了物体的负面剪影。然后他对暗箱形成的图像做了实验，将感光层进行长时间的曝光，在曝光期间使图像呈现出来。

在 1840 年 6 月，Talbot 宣布了一项新技术，它成为了当代摄影的基础：只要对感光相纸进行足够时间的曝光，就能产生隐形的图像，这是一个化学处理过程。Talbot 说："曝光之后我们看不到任何图像，尽管我们看不到图像，但它是存在的，经过一定的化学处理，它会完美地呈现出来。"为了让隐形图像变得可见，Talbot 使用了碘化银（银版法中的感光元素）并使之与硝酸银反应。他将其发明称为碘化银纸照相法。

Talbot 认识到了图像在纸上（而并非在金属上）的价值，那就是具有复制性。他将完全处理过的负片纸与另一张感光相纸相连并一起曝光于光线下，这也是接触印刷最早的工作过程。负片中的黑色区域阻碍了来自另外一张纸的光线，同时负片中明亮区域则可以使光线顺利穿过。其结果是纸面上呈现出了色调自然且忠实于原始拍摄场景的正面图像。

由于图像是通过负片纸获得的，因此碘化银纸照相法所产生的图像细节并没有达盖尔银版法所产生的图像细节那么清晰。但是碘化银纸照相法所产生的图像有其非常美丽的一面，与碳笔图像相比，纸上的纤维使图像变得十分柔美且富有纹理，尽管碘化银纸照相法的最大优点是具有复制性，达盖尔银版法并不具有这一优点，但是这两种拍摄方法一直被人们所采用，直到正像透明负片的出现。

摄影师：WILLIA M HENRY FOX TAL BOT，《塔尔波特的摄影营业所》，大约摄于 1844 年，碘化银纸照相法

这幅早期的 Talbot 的摄影作品展示了在伦敦附近的塔尔波特摄影营业所里的活动。照片是由分别拍摄的两张照片拼接而成的。左边是一个助手在复制一张画作。中立者可能是 Talbot 本人，正准备用相机拍摄一幅肖像。右侧一个男子在架子上翻动相片，他身旁的另一位摄

影师在拍摄一尊塑像。画面最右侧的人跪在地上，举着让摄影师调焦用的记号板。

在世界上第一本使用照片作插图的书—《自然之笔》中有一段"告读者"的文字。Talbot 保证说："眼前的这些作品都是光线的创作，并非画家的手笔。它们是一些阳光画，而不是一些人所想象的模仿画作。"

裸版照相法：照片清晰度与复制性

裸版照相法既表现出了达盖尔银版法的最大优点（清晰度高），也表现出了碘化银纸照相法的最大优点（具有复制性）。并且它对光线的敏感度要比前两者高，曝光时间大约只要5秒。自从1851年裸版照相法诞生开始（由于它具有很多的优点且抛弃了之前的摄影术的缺点），几乎所有的摄影师都使用这种方式来进行拍摄，直到明胶乳剂干版法发展成熟。

在很长一段时间里，人们一直在寻找一种可以粘住玻璃盘中感光盐（银盐）的物质。玻璃对于感光乳剂来说是比纸张或金属更好的载体，因为它没有纹理，透明并且不易受到化学物质的侵蚀。此时，明胶（能溶解于醚与酒精中）出现了，它在潮湿的时候是富有粘性的，但晾干之后会变成发硬的透明层。

湿版照相法的不足之处是在盘子处于潮湿状态时必须进行曝光和冲洗处理， 为盘子涂化学混合物时需要技巧——灵巧的手指，灵活的手腕和时间的把握。把明胶与钾的混合物倒在盘子中间，摄影师抓住玻璃盘的边缘，并且前、后、左、右倾斜，直到盘子的表面被混合物均衡地覆盖住。然后把剩余的混合物倒入其他容器中。把盘子浸入硝酸银溶液中使其进行曝光，这样就会产生隐形图像，然后采用烟酸或硫酸铁溶液进行冲洗，包括定影、冲洗与晾干。所有的一切都必须在拍摄现场进行，也就是说，摄影师在拍摄照片时需要随身携带一个暗房。

湿版照相法既可以用来制成负像，也可以用来制成正像。采用银盐与玻璃盘的方式拍摄出的负像，可以通过将其印刷在蛋白感光剂相纸上的方法上变成正像。

如果在玻璃盘的背后放置颜色较暗的材料（如黑天鹅绒布或纸张），图像就会被转变成安波罗摄影式的正像（类似于对达盖尔银版法摄影的模仿）。 此外，为颜色较暗的釉质金属版涂上一层化学混合物也能形成正像，由于使用这种方法拍摄出的图像比较耐用，并且价格也很便宜，因此这种方法在美国非常受欢迎，人们用此方法拍摄肖像，并将肖像粘贴在音乐专辑、竞选标牌甚至墓碑之上。

到19世纪60年代，全世界已拍摄出了数百万张照片，这是前25年都没有做到的事情（前25年拍摄照片的技术还不够成熟，因此照片的数量也十分有限）。 到处都有摄影师为人们拍摄肖像照，去战场拍摄战争场面，探索远方他乡的风光并把照片带回家乡以证明其所经历的一切。

湿版照相法具有很多优点， 但是并不方便，因为乳胶倒入玻璃盘子后需要涂均匀，曝光并且在其变干之前进行冲洗，所以需要把暗房随身携带到任何一个拍摄照片的地方。

明胶乳剂/卷片片基：为每个人摄影

直到 19 世纪 80 年代，摄影仍然没有被普及。但是几乎所有的人都经历过一次或多次摄影，几乎每个人都看过照片，或许还有一些人想过自己拍摄照片。但技术、精力、花费以及湿版照相法所需设备的繁多等原因限制了摄影走向专业化。当时大部分的摄影师都为业余爱好者，他们一直在抱怨湿版的诸多不便，一直尝试着各种改良。

到了 19 世纪 80 年代，两项摄影技术的完善不仅使湿版变干得更快，而且使摄影师们可以永久地抛弃笨重易碎的玻璃盘。第一项技术是发明了一种新的能让感光银盐停留在其上的明胶感光乳剂（明胶是一种有点像果酱的、由牛骨和牛皮制成的物质），它能够使感光银盐在其干燥时保持住感光度。这也为胶卷的发明打下了基础，胶卷对摄影的重大革新在于每个人都可以使用它来拍摄照片。

George Eastman 是推广摄影的最大功臣。他早年在纽约 Rochester 的一家银行做普通职员，之后创建了 Eastman 柯达公司并将公司经营成了国家级大型公司。大约从 1887 年 Eastman 购买了他的第一台湿版照相机开始，他便一直致力于研究一种更加简单的方法来拍摄照片。他说："人不应该去背像马这样的动物才应该背的东西。"

很多人都有用胶卷拍摄的经历，但是 Eastman 是第一个把胶卷进行市场推广的人。他发明了一种可以大规模生产胶片的设备之后，又发明了 Eastman's American Film，它是一种覆有一层很薄的明胶感光乳剂的纸张。剥去粘在感光乳剂上的一层不透明纸张，之后就成为了一张负片。阳光能够穿过它并在其上产生图像。很多摄影师在操作时都会出现一些问题（比如，在剥去不透明纸张时会导致负片被拉长），因此胶片通常要拿到专业公司进行冲洗。

胶卷的出现使新的相机（一种价格便宜，重量较轻，便于操作的相机）的产生成为可能，它可以让每

摄影师：FREDRICK CHURCH，《手拿柯达相机的 George Eastman》，摄于 1890 年

这位柯达方盒照相机的发明者让自己的产品走向了市场，并因此把摄影交到了每一个普通人的手中。可卷曲的胶片照相机变得更小，更便于携带。高感光度的明胶可以使曝光时间缩短到 1/25s，被摄人也不用绷紧自己，纹丝不动了。

一个人都成为潜在的摄影师。在 1888 年，Eastman 发明了第一台柯达相机，它能够安装较多的胶片，并可以拍摄 100 张照片。当使用者拍摄完胶片之后，必须把相机连同内部胶片一同返还给位于 Rochester 的 Eastmam 公司进行冲洗与照片输出，然后 Eastmam 公司为相机装上胶片并返还给使用者。柯达的口号是："你要做的只是按下快门，其余的让我们来为你完成。"

柯达相机几乎在一夜之间被世界认知。随着 Hannibal Goodwin 发明了真正意义上的胶卷（一种透明的，并且覆盖有一层很薄且灵活的塑料薄片，它非常坚实，因此并不需要其他纸张的支撑），有了简单轻便的相机与简易操作的胶卷，一个崭新的摄影时代开始了。Eastman 柯达公司早就知道谁将会是其产品的主要用户，并且直接地打出其广告语："照片可以刷新每个人心中的历史，随着时间的流逝，它会变得更加珍贵。"

彩色摄影

Daguerre 自己知道还有一样东西需要加到他的奇妙的发明中，那就是颜色。经过几次失败的教训之后，一种方法终于成功了。那是英国物理学家 James Clerk Maxwell 在 1861 年实现的。他分别透过红、绿、蓝 3 个不同颜色的滤光片拍摄缎带，得到 3 张底片，每一张分别穿过红、绿、蓝色滤镜，然后将红色、绿色和蓝色滤镜所产生的光线投射到 3 张负片上。当把 3 张图像重叠到一起时，3 张负片形成了一张与真实缎带色彩相同的照片。通过红、绿、蓝色的光线叠加，Maxwell 阐述了颜色叠加混合方法。

在 1869 年，更加重要的色彩理论被公布于世。两位法国人 Louis Ducos du Hauron 与 Charles Cros 在没有一起工作的情况下，几乎同时宣布了对减色混合（色料三原色）的研究。减色混合是当今彩色摄影的重要基础，通过对黄、品、青（它们是红、绿、蓝的补色）3 种色料的组合来形成色彩。色料三原色源于白色（它包含自然界所有的颜色）光线。

首先成功地被应用在商业上的色彩处理方式为加色处理。1907 年，Antoine 与 LouisLumière 对他们的彩色处理技法进行了市场推广。在玻璃板上覆盖颗粒细腻且被染上橙红、绿色以及紫色的马铃薯粉，整个薯粉层只有一粒薯粉那么厚，然后加上一层光敏乳剂。光线在穿过彩色薯粉后，使下面的乳剂层感光。薯粉颗粒下的乳剂只能受到与薯粉颜色一致的光线曝光。然后，影像经过显影，形成全彩色透明正片。

柯达彩色胶片采用减色法，开创了彩色摄影的时代。这一技术由两位音乐家（Leopold Mannes 与 Godowsky）和一位业余摄影研究者共同研究并完善，他们最终都加入了 Eastman 柯达研究团队。Kodachrome 于 1935 年问世，它的特点是一张胶片覆盖了 3 层分别对三原色单独产生反应的乳胶。从而只要进行曝光，就能拍摄出一张彩色图片。

在 20 世纪 40 年代，柯达研发出了 Ektachrome，它可以使摄影师自己或小型冲洗室完成对照片的处理。之后柯达还研发出了第一种彩色负片胶片，名为 Kodakcolor。

今天我们很难去想象没有色彩的摄影会是什么样子。摄影业余爱好者的市场是巨大的，并且无所不在的快照也都是彩色的，商业活动和出版对色彩的应用则更为广泛。数码相机拍摄出的照片也是彩色的。如果有人渴望黑白的效果，就必须完全抛弃色彩信息。即使之前采用黑白照片的新闻摄影、纪实摄影与纯艺术摄影，现在也都采用了彩色摄影来表现各自的主题。

摄影师：ALFRED T. PALMER，《战争期间的女工》，大约摄于 1942 年

柯达克罗姆彩色反转片于 1936 年开始被应用，它是为 35mm 静态摄影市场而研发的。这是世界上第一款色彩还原准确、廉价、易用而且可靠的彩色反转片。

早期肖像摄影

人们需要肖像摄影，即使拍摄肖像需要很长的曝光时间，人们需要坐在太阳底下长达好几分钟，并且不能够眨眼。肖像拍摄时，人们都到摄影工作室，在刺眼的阳光下拍摄自己的肖像照片。在 1839 年前去世的名人几乎都拍摄了肖像照片，幸好很多摄影师（比如，Nadar 和 Julia Margaret）把它们保存得很好，我们才能在本书中看到这些照片。此外还有一些普通民众也拍摄了肖像照片，在 Plumbe 的 National Daguerrian 画廊中陈列了名为 "Patent Premium Coloured Likeness" 的照片，并且在其折扣商店中还有双镜头相机正在出售。小尺寸的肖像照片在当时被称为 cartes-de-visite，在 19 世纪 60 年代非常流行。当美国的拓荒者向西行进的时候，肖像照片成了他们思念位于东部的家人与朋友时的唯一可以寄托情感的媒介，因此他们通常会带上圣经和家庭相册这两件重要的东西。

1843 年，摄影在当时还带有一定的神秘性。1843 年诗人 Elizabeth Barrett 看了一些采用达盖尔银版法做成的肖像照片之后，给她的朋友写了一封信，信中写道："这几张精美的肖像照片就像雕刻一样，精美度和精致度甚至都超越了一个雕刻家所能实现的程度。我真希望我亲爱的人们都能够拥有这样的肖像照片，这是一种很好的留念。这种肖像照片对人物的表现甚至可以用精确来形容，而不仅仅是相像。尽管有些场景与人物的细节会永远隐藏于黑暗中，但我宁愿拥有这样一张照片也不愿意让画家为我绘画。我并不是想对艺术表示不敬，只是想表现出自己的喜好而已。你或许不同意我的想法，但你明白吗？"我只能说，开篇页的照片中的男人（Niéple 和 paguerre）或许会明白。

摄影师：JULIA MARGARET CAMERON，《Duckworth夫人》，摄于1867年

这是 Cameron 为她的朋友拍摄的一张照片，照片中的人物出生于英国的维多利亚，并且非常有名。这位人物的名字叫做 Julia Jackson Duckworth，现在她更为著名，因为她是著名作家 Virginia Woolf 的母亲。

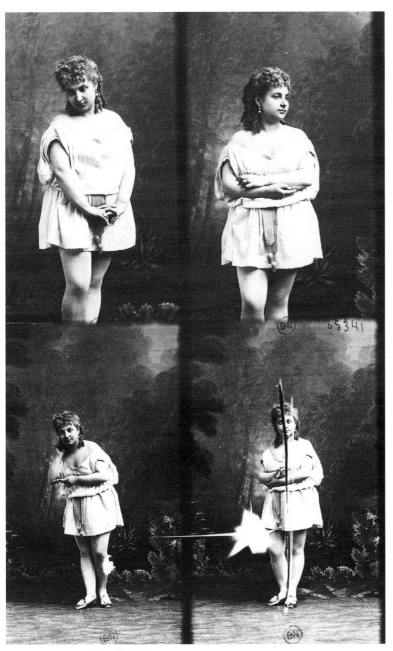

摄影师：佚名，《妇女的服装》

摄影师：佚名，《André Adolphe Disdéri》

"名片小照"是一种对一张感光版进行分区局部曝光的拍摄方法。这样顾客就可以只花拍一张照片的钱，得到多种姿态的照片。左图是一张还没有裁剪开的名片小照样片。人们将自己、朋友、亲人乃至诸如维多利亚女王之类名人的名片小照都收入影集。

在一本影集的封面上这么写着："是的，这是我的影集，不过，作为惩罚，你的照片也将被放进去，让别人嘲弄。"

上图中的男子是André Adolphe Disdéri，他使名片小照大行其道。当年，拿破仑三世曾在征战途中停下来，在André Adolphe Disdéri的摄影室里拍摄了名片小照，因此，名片小照随即成为一种时尚。

早期旅行风光摄影

摄影技术一经问世，前往遥远地区拍摄照片的探险队就出发了。除了必需的器材、化学药剂和涂布银版，曝光和照片显影相关的知识外，探险摄影师们还必须有相当强的毅力。

在图中左下角的船上，摄影师 Timothy H.O'Sullivan 设了一个暗房。他在描述一个叫汉波特低地的地方时说："这是个很美丽的地方，欣赏这里的美景是我们工作中令人愉快的部分。不过，在整个旅程中，我们最大的烦恼是那些无穷无尽、千奇百怪的毒蚊子。加上不断来袭、令人虚弱的各种热病——人称'高山症'，你会明白为什么我们没能继续向上，探寻更多的地方。"

期旅行摄影符合当时人们远行的需求。在19世纪中期，世界上还有很多的地方是人们未探索过的，蒸汽船与铁路的出现使更多的人外出旅行成为了可能。但是远方的土地与风光仍然有着独特的吸引力与神秘感，人们渴望用摄影来表现远方的风光。在以前，人们经常用绘画的方式来表现，但绘画中掺杂着艺术家们各自的视觉感受。相机则可以比人眼更加准确地看到并记录下远方的风光。旅行摄影逐渐被人们认为是一种最具真实性和可靠性的表现形式。

在那时，西方人对东方具有着一种特殊的兴趣。东方有浓重的异国情调，而古老的文化使其更加令人神往。在 Daguerre 于1839年宣布达盖尔银版法几个月后，一支摄影队就前往了埃及，他在书中记载着："我们像一群具有达盖尔银版法处理技术的雄狮。我们希望从开罗向家里发回一些有趣的照片。"由于那里无法直接重新生产银版，他们不得不用铜版来复制拍摄下的图像。随着碘化银纸照相法以及后来的湿版照相法的发明，从远东地区发回真实的照片的愿望也就很快实现了。

直到19世纪60年代末才有人用摄影的形式来记录美国西部的一些壮观的景色。早前的探险家与艺术家去往落基山脉探险，但是他们对它的描述以及艺术家的素描都让人觉得有些夸张。美国内战之后，政府派出探险家去西部进行探险与绘制地图，并且还有摄影师跟随他们一同前往，尽管队伍中有些成员并不为此感到高兴。在1871年 Grand Canyon 大峡谷之旅时，摄影师描述道："在大盒子里的相机是登山的一大负荷，但是化学物品与玻璃盘容器和用于暗房的手压吹风器相比却是非常轻的。"

战地摄影师 Timothy H.O'Sullivan 和 Alexander Gardner 也与政府探险队一同前往西部探险。William Henry Jackson 拍摄的有关黄石的照片还使美国国会在这一区域设立了一个国家级公园。摄影师 Carleton EugeneWatkins 就是在这里完成了对美国约塞米蒂国家公园的拍摄。

摄影师：TIMOTHY H.O'SULLIVAN，《收获死亡》，1863 年 7 月摄于葛底斯堡

　　最早的关于战争的真实影像是由 Brady、Gardner 及 O'Sullivan 等摄影师在南北战争时期拍摄的。Oliver Wendell Holmes 曾经到安蒂塔姆战场上寻找自己受伤的儿子，后来，他看到了 Brady 在那里拍摄的照片。"让那些想了解战争为何物的人看看这些照片……看这些照片简直就像亲临战场，看着这支离破碎的屠戮景象，我们的感情随之起伏。那些尸体是那样生动地反映了战争，我们埋葬他们残缺的遗骸，同时将伤痛深藏心底。"

摄影使那些在家乡的人们能够及时地了解到战争的信息，在摄影发明之前，战争对于人们来说是遥远的，并且还具有一种刺激感，大多数人从滞后的新闻中，从返乡老战士或从画家与诗人的作品中了解战争的情况。19 世纪 50 年代的克里米亚战争是被摄影首次记录下战争场面的一场战争。不走运的轻骑兵、指挥不当、疾病、饥荒与暴露目标等因素致使英军遭受了远多于敌方的损失。然而，一位官方摄影师（Roger Fenton）采用场景化以及理想化的图像大致地描述了此次战争的场景。

源于美国内战的摄影图片首次披露了战争的真实场景，如上图所示。Mathew B.Brady 是一位成功的人物肖像摄影师，他萌发了一个派遣摄影师到战场进行拍摄的想法。因为还没有人在战争中拍摄过照片。湿版照相处理需要几秒的曝光时间，还要在拍摄点给玻璃盘子抹上均匀的化学混合物，拍摄完毕之后，摄影师又要在马车上的暗房中进行冲洗，而马车很容易成为敌军火枪手的攻击目标。

　　Brady 很希望能够将这些照片出售，但照片所展示的内容又恰恰是人们希望忘却的事情。因此 Brady 仅仅拍摄了少量的有关战争的照片。而有些照片则是与他分道扬镳的伙计 Alexander Gardner 与 Timothy H.O'Sullivan 设立自己的队伍后拍摄完成的。但是正是由于 Brady 的想法与他个人的投资才有了这些珍贵的、关于美国历史的记录。

早期摄影中的时间与移动

早期的摄影需要进行较长时间的曝光，而今天的摄影师使用现代相机进行 1 秒钟曝光就觉得很长了。但是早期的摄影师使用的感光剂（乳胶）由于技术处理的问题感光度并不高，因此对他们来说几秒的曝光时间已经是一个很短的拍摄时间了。

在早期的摄影中，如果被拍摄的人或物在曝光过程中处于移动状态，他们的影像在照片中就是模糊的。如果再加上较长的曝光时间，他们的影像就可能在照片中完全消失。早期拍摄繁忙的街景时，拍摄出的效果就像一片无人的沙漠一样，因为没有人会在大街上停留直到拍摄完成。

序列动作摄影是第一种能够表现动作从开始到停止（正在跨步行走的人或运动中的马匹和马车）的摄影方式，右下图所示为半组序列动作照片。由于序列动作摄影照相机上的短焦镜头在大光圈与较短的曝光时间下能够产生明亮清晰的影像，因此它成为了拍摄移动中的人物或物体的唯一工具。

这种快速摄影揭露的移动中的被拍摄的人或物的各个环节，是人类肉眼在无其他设备辅助的情况下所无法看到的。有些被传统艺术定格的移动过程与摄影表现的移动过程存在着较大的差异，以奔跑的马为例，绘画把马的 4 条腿绘成全部离开地面（前腿向前伸出，后腿向后蹬出），但事实上并非如此。

Eadweard Muybridge 首先开始研究摄影中移动的物体。他在 1878 年发布的一组有关奔跑中的马的照片，形象地提示了马在奔跑中只有腿抬到其肚子那里的那一刻才会完全 4 脚离地。那些忠实于艺术的人认为这是他窜改照片的结果。事实上，Muybridge 采用新型的、感光度较高的明胶感光乳剂以及具有特殊构造的相机，创作了许多不同人和动物的运动摄影作品。

摄影师：LOUIS JAQUES MANDÉ DAGUERRE，《圣殿大道》，1839年摄于巴黎

巴黎繁华的林荫大道看起来人迹罕至，这是由于当时的达盖尔银版照相法所必需的长时间曝光所造成的。只有一个在人行道拐角处拿鞋油的人被记录下来，因为他停留了足够长的时间，其他所有的人、马和车都是模糊的，没有留下影像。

摄影师：EADWEARD MUYBRIDGE，《动态研究》，摄于1885 年

摄影乳剂感光度的提高为动态研究提供了技术保证。以上这一系列图是 Eadweard Muybridge 的研究项目《动物运动》的组成部分，该研究分析了人类和多种动物的运动规律。Muybridge 经常同时使用多台相机拍照，以便从不同角度记录下动体各阶段的运动形态。

摄影师：EUGÈNE ATGET，《罗堂德咖啡馆》，摄于巴黎蒙巴那斯大道

Eugène Atget 艺术性地揭示了巴黎的本质，而他的照片表面上看来好像只是对城市外观的简单记录。清晨一条整洁的街道，优美的树木、宽阔的人行道以及空荡荡的咖啡馆讲述着巴黎的无穷风韵和城市建筑的和谐。

摄影师：AUGUST SANDER，《劳动者》，摄于1928年

与其说 August Sander 的照片是个人肖像，倒不如说他的作品是社会类型的记录。这张扛砖工人的照片是 Sander 在"二战"前的德国拍摄的千百张照片之一，它表现的是当时德国社会的阶层。被摄人摆好让画家画像的姿势，面无表情。照片上既没有拍摄时间，也没有拍摄地点。实际上，Sander 涂改了底片，有意隐去了背景信息。

摄影可以从不同层面来记录发生的事情。大多数照片被用来记录一个特殊的场景，以帮助那些参与者回忆起当时的情景。新闻摄影主要用来表现一种当时发生的情形（你在现场所看到的情形），而现今的数码图像编辑技术或许会让新闻摄影变得不被人们所信任。从另外一个层面讲，摄影能够记录下真实的情况，同时也是摄影师对现实的一种评价。Lewis W.Hine 对其摄影作品的阐述为："我只想把正确的东西展现给人们，只想把令人感动的东西展现给人们。"他的言语准确地概括了摄影的作用，它应当成为表现社会变化的工具，它应当成为用来记录历史的工具。

Engène Atget 的作品超出了简单的纪实范围，尽管他认为他的作品为纪实摄影。他工作室的门上有一条标语："纪实成就于摄影家"。Atget 在 20 世纪 90 年代初拍摄了几千张有关街道、咖啡店、商店、纪念碑、公园以及生活在巴黎的他爱的人们的照片，在其有生之年，他的照片并没有引起人们的关注，他只是把这些照片卖给艺术家、建筑师以及那些想用视觉表现的形式来记录城市的人来维持生计。很多摄影师能够用摄影的形式记录某一地方的现象，但 Atget 用摄影的形式表现了巴黎特定的氛围。

August Sander 选择以摄影的形式来记录第二次世界大战前人们的生活。他的照片不是去揭露某人的性格，但真切地表现了当时组成德国社会的各个阶层。他拍摄了劳工（见左下图）、士兵、商人、跨省际生活的家庭以及其他人的生活。在拍摄时，他让被摄人自己摆出合适的姿势。所有的人物肖像都是那么真实，并且表情冷酷，让人感觉到生活在那一时期的一种不安感。人物所表现出的失望也恰恰体现了整个社会的真实状态。

纪实摄影与社会进步

摄影从盲目地记录世界转向了记录世界中所存在的具体事情。Jacob Riis 是一位 19 世纪晚期的荷兰籍新闻记者，他是第一位使用摄影来记录社会变革的先锋者。Riis 写了一些关于纽约贫民残酷与贫寒生活的文章之后，开始端起相机来表现他们的生活。他说："除了摄影，没有其他的方法来描述我关注了长达 10 年的人们的痛苦与心声，也没有听到任何有关如何来描述这一经历的好建议。"为了夜晚在住户里摄影，他用盛在盘子里的镁粉为黑暗的屋子提供亮光，这项技术也是现代闪光灯的前身。

Lewis W.Hine 是一位受过教育的、具有强烈社会责任感的社会学家，他特别关注滥用童工这方面的社会问题。滥用童工这一现象在 20 世纪初期非常严重，Hine 用摄影的方式来记录下这一切，并且为改革者提供资料与证据。为此他还写了一篇名为《给家庭与孩子一线希望》的文章，以此来揭露制造业厂商的恶行（虽然有些厂商为他付房租，为他提供各种设备，为他解决紧急的事情，以及为他保持工资不变等），并对他们表达了强烈的讽刺与愤怒。

摄影师：JACOB RIIS，《意大利拾破布者的家》，1894年摄于泽西街

Jacob Riis 用他的相机揭露了纽约市贫民窟的状况。他的照片促使了住房规定的改变，过于拥挤和没有窗户的房屋被视为非法房屋。为了能在夜晚拍摄贫民窟内部的情况，Riis 将镁粉放进一个盘子后点燃，以照明黑暗的房间。这项技术成为现代闪光灯的前身。

摄影师：LEWIS W.HINE，《莫拉汉棉纺厂里做纺织工人的小女孩》，1908 年摄于北卡罗来纳州纽贝里

Lewis W.Hine 在 1908 年～1921 年间记录了虐待童工的情况，他为全国童工委员会拍摄了 5000 张照片。工头可以对孩子们被机器卷住之类的工伤事故满不在乎，"不时地有手指或者一只脚被机器碾碎，但这根本不会被当作一回事。"

摄影师: DOROTHEA LANGE，《移民母亲》，1936 年摄于加利福尼亚

　　Dorothea Lange 的作品表现了她对被摄对象的同情。她有一种独特的本领，能够通过捕捉人们的表情和姿态，反映其生活状态和内心情感。她的这张照片中的主人公是 7 个孩子的母亲，靠摘豆子养家糊口。这张照片成为表现 20 世纪 30 年代美国经济大萧条时期的状况的代表作。

　　一位美国农业安全保障管理委员会的摄影师记录下了 20 世纪 30 年代大萧条的情形，当时整个美国的经济结构处于深度危机中。对于农民家庭来说则更为严峻。Agriculture Rexford 的助理秘书 G.Tugwell 发现政府对农民的援助开支巨大，并且存在着众多矛盾与争议。为了证明这些问题以及尽快停止这一无效的援助，他指派 Roy Stryker 以摄影的方式对这一项目进行监督与报道。

　　Stryker 招募了一支十分有才华的摄影师队伍，其中包括 Dorothea Lange、Walker Evans、Russell Lee、Marion Post Wolcott、Arthur Rothstein、Gordon Parks 以及 Ben Shahn。美国农业安全保障管理委员会的摄影师拍摄出了不朽的精典照片，展示出了在大萧条时期整个美国 1/3 的人们所处的状况。

摄影师：ARTHUR ROTHSTEIN，《尘暴》，1936年摄于俄克拉荷马州，希马龙县

　　Arthur Rothstein 是斯特里克雇佣来拍摄经济大萧条困境的第一位摄影师。在那期间，干旱使俄克拉荷马州变得像一个装灰尘的大碗。在这幅画面中，建筑和蒿苣几乎被流沙掩埋了。Rothstein 后来这样描述自己拍照时的情景："到处都是尘土，令我几乎窒息。"

新闻摄影

不论什么事情（无论是拳击比赛还是战争），我们都希望看到有关这些事情的图片。今天的新闻摄影需要通过批准，但是在早些时候，新闻与摄影图片并不搭配使用。在18世纪的出版业中，只有绘画与卡通才会偶尔出现在报纸上。到了19世纪，插画开始出现在报纸上，比如，伦敦插图报、美国的Harper周刊以及Frank Leslie的插画式报纸。由于照片需要用中灰色调来表现，而当时的印刷技术不能同时印刷出此类照片，因此必须先把照片转化为绘画，然后重新进行装饰，但是这样便失去了原有的效果。

在19世纪80年代，半调处理技术趋于成熟，这才使照片与文字可以印刷在一起。摄影师也成为了新闻故事的供稿人。美国插图报说："从现在开始，报纸上不会出现优美的素描，它是展现某一地方的人们真实生活的媒介。"

在20世纪30年代，出现了专题图片（一种系列图片加简要文字说明的报道形式）。这种形式由StenfanLorant在欧洲画报上率先实践，之后传入美国并出现在《生活》和《展望》等杂志上。今天，由于电视的出现，图片杂志的繁荣期已不复存在。但是，摄影仍然是讲述世界变化的主要手段之一，而摄影散文写真则又在互联网上兴起。

摄影师：ERICH SALOMON，《德国议员访问罗马》，摄于1931年

直到20世纪20年代，摄影师才得以使用小型照相机在昏暗的环境下拍照。早期的照相机都比较笨重，而且当时胶片的低感光度使得室内摄影必须依赖那种会迷眼的闪光粉。艾尔曼诺克斯是世界上第一台小型相机，莱卡公司的小型相机紧随其后。艾尔曼诺克斯的镜头光圈最大为f/2，这终于使快照成为可能。

Erich Salomon是用这种方式拍照的先锋之一。他有一种特殊才能，即身着正式的礼服，闯进外交官们的聚会场所，然后拍摄照片。在他拍摄的很多照片中，那些权倾一时的外交官们因为其他事缠身，完全没有意识到自己正在被拍摄。像这张1931年德国与意大利两国关系议员会晤的照片，便是其中一例。据说，法国外长Aristide Briand向Salomon表达了敬意，他说："召开国际会议只需要3样东西，即一些外国秘书，一张桌子和一个Salomon。"

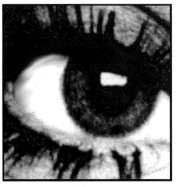

半调处理技术可以将黑白照片中的灰色阶调层次转换成清楚的黑白网点，从而使照片可以印制在报纸上。

摄影师：W. Eugene Smith，《西班牙村庄》，摄于1951年

图片故事：一种多张照片加相关文字的表现方式，是《生活》周刊和《展望》杂志这类大发行量的画报上的主流报道形式。图中是摄影师 W. Eugene Smith 为《生活》周刊拍摄的《西班牙村庄》中的两页。W. Eugene Smith 拍摄的图片故事无与伦比，充满了摄影的美感与动人力量。

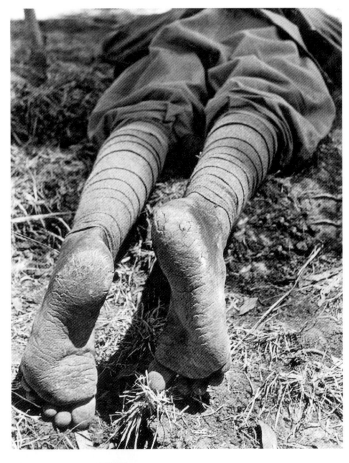

新闻摄影工作者是最先使用数码摄影技术的人群。新闻最大的特点是即时性。在一些特定的区域，摄影工作者可能需要将一次战斗中的照片尽可能快地传到编辑那里。胶卷需要送到暗房，处理、晾干，在冲洗之前没有人能够保证这些照片是否满足使用要求。此外，胶卷的长度也限制了能够快速曝光的照片的数量。同时，从照片中获取与之相关内容信息是很简单的。

美联社在 1980 年以前就开始用数码技术传送图片了。这套系统用来向不同报纸的编辑传送图片。在 19 世纪 90 年代中期，极少数的摄影师已经开始使用更为实用的数码相机了，当时机器的价格非常昂贵。到 2001 年，有一半的新闻工作者开始使用数码相机，时至今日，数码相机基本上已经普及了。

摄影师：ALFRED EISENSTAEDT，《埃塞俄比亚士兵》，摄于1935年

摄影师 Eisenstaedt 将镜头对准埃塞俄比亚士兵赤裸的双脚，展现了这样一幅 1935 年的悲剧画面，当时，势不可当的意大利现代机械化部队正入侵埃塞俄比亚，将准备不足的埃塞俄比亚军队打得措手不及。

摄影师：John Moore。Mary Mchugh 于 2007年5月27日，阵亡烈士悼念日，在美国阿灵顿国家公墓哀悼她已逝的未婚夫军士长 James Regan。战争的惨剧被照片记录下来了。Regan 作为一名突击队队员，在伊拉克被路边的一枚炸弹杀死。这是 Regan 出殡以后，Mchugh 第一次到墓地进行悼念。

摄影师：Daniel Hulshizer，摄于 2001 年 9 月 11 日

尽管视频新闻的优势越来越明显，但是静态的图片并没有丧失它的作用。这是一张以 911 灾难为背景的手持火把的自由女神像的摄影作品。

摄影师：SUSAN MEISELAS，《等待进攻的反击政府军》，1978年摄于尼加拉瓜，玛塔加尔纳

Susan Meiselas 拍摄这个反叛者站在掩体旁等待反击的镜头时，她不得不做出选择，究竟是留下来继续拍照，还是离开现场抢杂志发稿时效。"作为一名纪实摄影师，我希望留下来，但是我又必须离开，以便把我的照片发出去。那是我第一次体会到当摄影记者面对发稿时限的滋味。"

19世纪摄影艺术的出现

摄影仅仅是摄影吗？还是一种新的艺术形式？几乎从摄影诞生的那一刻起，摄影就开始挑战以前长期被绘画所统治的领域。人物肖像、静物、风光、裸体，甚至连讽刺都逐渐成为了摄影的主要题材。

在那时，Henry Peach Robinson 是一位非常著名，并且比较成功地将摄影提升到艺术形式的重要人物。Robinson 创作了很多结合了叙事与寓言性质的照片。这些照片都是事先策划并结合多张负片之后才做成照片的。Robinson 成为了 19 世纪摄影中高度艺术运动的主要领导者之一。这场运动主张摄影所表现出的美与艺术效果，并不关注摄影的手段与方法。Robinson 建议："只要能产生好作品，摄影师可以采用任何手段与技巧来实现。"

到了 19 世纪 80 年代，一场新的运动主张自然风光摄影为真正的艺术摄影，其中，Peter Henry Emerson 是这次运动的主要领导者。他也是第一个站出来挑衅"艺术"摄影师的人。他认为真正的摄影艺术是最大限度地使用相机并以最直接的方式来捕捉画面。此外，他还讽刺了绘图学校以及它的合成绘画、服装模特和背景绘画等一系列课程。

Emerson 还为其所谓的自然主义拍摄设定了一系列准则，简单的设备，没有灯光、摆姿、服饰或任何道具，在不参考经典构图形式的情况下自由构图并拍摄，以及不对拍摄完成的照片进行任何修饰（把一张优秀的或不完美的照片处理成一张绘画）。此外，他还推崇他自己认为的一种科学调焦技术（模仿眼睛感知场景的方法进行调焦），对主体被摄物进行清晰的对焦，但是前景与背景则处于轻微跑焦的状态。

Emerson 的主张对下一代摄影师产生了影响，那些摄影师已经觉得摄影不必刻意地模仿绘画，因此他们开始把摄影当作一种新的艺术形式来进行探索。

摄影师：HENRY PEACH ROBINSON，《消逝》，摄于1858年

Henry Peach Robinson 的高艺术摄影受到了浪漫文学的启发。他发展出一种合成摄影技法，这使他能制作具有虚构的情景的照片。制作《消逝》时，他先对摆好姿势的模特分别拍摄，然后将各部分图像组合在一起。

摄影师：PETER HENRY EMERSON，《采睡莲》，摄于1885 年

Peter Henry Emerson 反对高艺术摄影手法。他坚持认为摄影不应当模仿绘画艺术，制造人为效果，而应当为自然效果而抗争，他通过自己拍摄的英国东部湿地农民生活的照片实践了自己的理论。

写真摄影与摄影分离运动

摄影师：ROBERT DEMACHY，《芭蕾舞演员》，摄于1900年

20世纪初的画意摄影经常模仿印象主义绘画作品，强调光线和气氛，而忽略清晰的细节。

摄影师：ALFRED STIEGLITZ，《下等舱》，摄于1907年

尽管Stieglitz视那些模仿印象主义绘画作品的画意摄影师为伙伴，但他自己的作品（除了其刚开始从事摄影时的很短的一段时期）并不进行人工处理或对直接源于相机的影响进行修改。上图中的形式感激发了他拍照的灵感："我看到了一个有形式感的画面，同时触动了我对生活的情感。"

摄影是艺术吗？在19世纪末20世纪初，摄影师们仍然十分关注这一问题。艺术摄影师或具有绘画风格的摄影师（尤其是指非营利性的艺术摄影师）希望以摄影的目的不同为准则将摄影进行分类。于是，可以展示摄影作品美学价值的国际博览会就出现了。

在那时，很多摄影师坚信要想让摄影看起来具有艺术的感觉（炭画、网线铜版画或其他艺术效果），就必须在摄影中增加艺术的特点。因此他们将自己的作品创作的具有了一定的绘画效果，特别是对法国印象主义绘画的模仿（印象主义十分注重场景的整体氛围以及光线的变化）。此外，那时的摄影师还十分喜欢拍摄被大雾笼罩的风景或城市景观，因为此类场景中的光线具有散射的特点，物体的线条看起来非常柔和，并且被摄对象的细节也会呈现出一种朦胧感。

在美国，Alfred Stieglitz是促进摄影成为一种新艺术形式的先锋人物，他的影响十分巨大。在他60多岁时，还继续摄影，组织摄影作品展，收集优秀的摄影作品并对其进行整理与出版，以及为摄影师和艺术家提供服务。在他创建的多家美术馆（摄影分离派小型美术馆、艺友美术馆和美国之地美术馆）中不仅展览了很多他认为优秀的摄影作品，而且展览了著名画家塞尚、马蒂斯、毕加索以及其他现代艺术家的作品。在他创办的名为《相机作品》的杂志中，他还发表了多篇摄影评论的文章，并且经常刊登一些具有推广价值的优秀作品。此外，他还使美术馆的策展人与艺术评论家们最终承认了摄影的艺术地位，并为摄影专门留出一个展鉴的空间和其他艺术一起进行展鉴。但是由于他受到了不同摄影风格的影响，他的性格也发生了改变并第二次对整个美国的摄影风格产生了影响：首先朝着早期的印象主义摄影风格发展，第二次朝着写实主义的风格发展，或称该风格为"诚实"的摄影风格。

把图像直接应用到艺术中

在 20世纪初期，有些摄影师对艺术很感兴趣，他们把图像直接与摄影处理关联到一起（与此同时，有些摄影师的作品风格还在模仿绘画风格）。而此时一场回归摄影本原并提倡不对摄影作品进行修改以保持其原有特征（19世纪照片风格）的运动正在兴起。1917年，Stieglitz在为《相机作品》做最后一期有关Paul Strand的报道时，他觉得其作品强有力地展现出了一种新的更加接近于艺术的摄影方式。Strand相信："客观性是摄影的一种重要的元素……要想完全地实现这种客观性，就必须展现出真实的摄影作品，不是对它们进行修改或处理，而是直接采用摄影的形式来表现艺术。"

Stieglitz 自己的摄影作品是真实的，是不进行任何修改的。他觉得其拍摄的很多作品都具有一定的视觉寓意，真实地记录下了位于相机前方的一切，同时相机记录下的、对应的"外部事物"与自己最深层的感受是相符合的。从 1950 年开始，Minor White 继续坚持和延伸 Stieglitz 的那种摄影与感受相符的理念。对于 White 来说，一个认真的摄影师的目标是，"让摄影师或观众从有形的物体中体会到一种无形的东西"，因此，直接对一个真实的物体进行拍摄就像是对摄影师本人的感受的一种写照，或者是观众对物体的一种感受的写照。

在 20 世纪 30 ~ 70 年代，直接对物体进行拍摄的形式使摄影成为了一种艺术形式，Edward Weston 用事实证明了这一切。他采用最简单的摄影技术与最少的摄影设备（通常只有一台 8 英寸 × 10 英寸的、带有镜头的大画幅相机，并采用最小的光圈进行拍摄以确保被摄物的各个部分在照片中的清晰度）进行拍摄。他对拍摄出的负片几乎不进行裁切。"我对我的工作从来不会预先进行构想，而是直接去发现能够令我产生兴趣的东西，然后通过镜头去重新发现它们，最后它们的影像才会出现在我的相机的毛玻璃上，照片最终的展现形式（纹理、运动和比例等）其实在曝光前我都预先想到了，随着快门的自动释放，我对拍摄的构想也就定型了，在我看来，它们不需要再进行任

何的修改。最后的事情是冲洗，完成的照片是我通过相机所看到与感受到的真实场景。"其他很多摄影师（比如，Ansel Adams、Paul Caponigro 与 Imogen Cunningham 等）也采用了对物体进行直接拍摄的方式来进行创作。

摄影师：PAUL STRAND，《白色栅栏》，1916 年摄于纽约，肯特港

Paul Strand 的纯摄影艺术包含了客观的景象和个人的见解。"观察你身边的事物，你周围的这个世界。只要你活着，它对你就有意义，假如你真在乎摄影，又知道如何使用它，你就会希望将这些事物拍得有意义。"

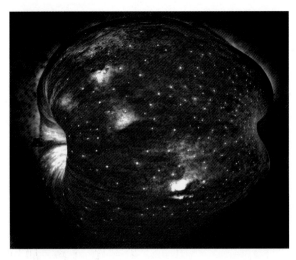

摄影师：Paul Caponigro，《绚烂的苹果》，1964 年摄于纽约

金苹果是圣经故事里的一个典型，在张照片中，作者通过苹果表面上的点点星光，让观众产生视觉共鸣，联想到浩瀚的宇宙。Caponigro 曾说过"摄影和诗歌没有什么不同，它们的潜质就在于，常见的事物、日常用语只要被置于特殊的环境中，就能展现出高超的、独特的意境。"

摄影师：Man Ray，《日光浴》，摄于1929年

20世纪初，很多领域都发生了重大的变化，其中包括科学领域、技术领域、数学领域、政治领域以及艺术领域。比如，艺术领域中发生的各种运动（野兽派、印象主义、立体主义、达达主义以及超现实主义等）对"艺术"这一词语的意义产生了永久的影响。未来主义艺术运动建议"抹去所有艺术领域中的各种主题……摧毁对过去艺术的崇拜……藐视各种形式的艺术模仿……赞颂所有原创的艺术形式"。

包豪斯是基础艺术、基础设计和基础观念的中心，它是一所位于柏林的学校。匈牙利艺术家László Moholy-Nagy于1992年来到柏林，他尝试着寻找一种新的方式来观察世界，并且应用基础的摄影材料来尝试替换19世纪摄影师的传统材料以符合现代生活"新视觉"的需求。此外，Moholy探索了很多方法来延伸摄影的视觉效果，比如，摄影测量、摄影蒙太奇、萨巴迪亚效应（通常称之为日晒效应）、不同的拍摄角度、光学扭曲以及不同的曝光。他觉得："适当地使用不同的方法可以创造出一张复杂且富有图像视觉语言的照片。"

其他一些艺术家则在进行对新艺术形式的探索，比如，Man Ray（一位在巴黎去世的美国人）是一位受到达达主义影响的画家，他的创作理念主要是以绘画的形式对现实社会所存在的一些荒唐事情进行评论，他说："我喜欢矛盾，我们永远不可能获得存在于自然中的矛盾和无穷的变化。"Man Ray与Moholy一样采用了多种技术来表现作品，其中也包括使用萨巴迪亚效应来进行创作。

摄影师：LÁSZLÓ MOHOLY–NAGY，《嫉妒》，摄于1927年

　　像 László Moholy-Nagy 和 Man Ray 这样的摄影师，在他们对真实、非真实及抽象想象的探索中使用了各种技法。上图是利用合成摄影将若干照片拼接而成的。Moholy 在给他的"合成摄影"定义时说："这是一种源自隐蔽含义之奇异细节的猛烈撞击"。这个定义与这张含义不清的照片颇为合拍。

20世纪50～60年代的摄影艺术

当摄影作为新的艺术形式被认可后，它发生了巨大的变化。这种变化是从 20 世纪 50 年代开始的。从那时起，摄影逐渐成为了大学与艺术学校教学的一部分，艺术博物馆对摄影的推广与关注的力度也是前所未有的，有些艺术画廊开始专营摄影作品，摄影也进入了那些先前只买油画或其他传统艺术品的美术馆。此外，一些艺术杂志（比如，《艺术论坛》与《美国艺术》）也开始定期出版有关摄影的文章与摄影作品。

20 世纪 50 年代，美国的摄影艺术通常可以用"原创风格"这一词语来描述。 其中，芝加哥地区的代表人物主要为 Aaron Siskind 和 Harry Callahan。美国西海岸地区盛行的是对物体进行直接拍摄的风格，其中主要代表为 Ansel Adams 与 Minor White。而此时的纽约则被认为是社会纪实摄影的中心地带，比如，摄影师拍摄有关政治活动题材的照片。此外，在 20 世纪 50 年代，一名瑞士摄影师 Robert Frank 穿越美国并采用摄影的形式记录下了自己对那时美国人民生活的观察。

在 20 世纪 60 年代末，越来越多的大学与艺术学校开设了摄影学习课程， 摄影课程通常由学校的艺术系来开设。在那里，摄影师与工作在传统艺术领域中的艺术家们时常交换经验与学术成果。有些画家或其他的艺术家把摄影融合到他们的艺术创作中或转而进行包括摄影在内的两门学科的研究。还有一些摄影师把自己的作品与绘画、印刷或其他艺术形式进行结合。传统的摄影处理技术得到了复兴（比如，蓝晒法、树胶重铬酸盐印相法以及铂盐印相法）。

Minor White 说，在 20 世纪 50 年代时，只有少量的摄影师实现了艺术家的功能，因此他们只能聚到一起相互"取暖"。摄影在学术方面的扩展与被认知推进了媒体形式的变化与发展（在下面的内容中会有所讲述）。事实上，长期对于摄影是否是一种艺术形式的讨论是一场可以被认为是发现新媒体的斗争，现在终于得到了解决。这场斗争的胜利者当然是拥护摄影的人们。

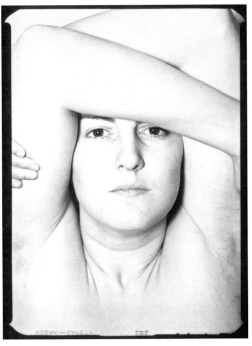

摄影师：HARRY CALLAHAN，《Eleanor》，摄于1947 年

Harry Callahan 的摄影作品是热情且个人化的。他不断地重复 3 个主题，即城市景象的空旷、风景的丰富细节和他夫人 Eleanor 的肖像。他说："我花了很长时间去改变。我认为你不可能走出门去就可以弄来一堆视觉点子和照片。改变是通过生活完成的，而不是空想完成的。"

摄影师：AARON SISKIND，1949年摄于芝加哥

Aaron Siskind 最广为人知的作品表现的是从那些平凡事物中抽象出来的外表，如成片剥落的油漆或者墙上的海报。照片的主体是其中的形状、色调及其他因素，而非墙壁本身。

20 世纪 30 年代，Siskind 曾热衷于纪实摄影，但正如他后来回忆的那样，"出于某种原因，我希望看到一个干净、新鲜且生动的世界，一如原初之物的干净、新鲜和生动。所谓的纪实摄影促使我想寻找些别的东西。"

摄影师：Robert Frank，《酒吧》，摄于1955年

美国的批判态度对 Robert Frank 的主题选择和艺术表现形式都产生了重大影响。与 Robert Frank 的作品相同，Diane Arbus、Lee Friedlander、Garry Winogrand 及其他一些摄影师的作品都展示了对美国社会某些怪异荒诞现象的个人观察。上图中，作者对纽约的一家酒吧的一瞥其实是他对现代社会空虚感令人不安的评价。

20世纪70～80年代的摄影艺术

影影师们还继续探索有关摄影的各种主题与问题。有些摄影师仍然保持着 Edward Weston 或 Ansel Adams 所提倡的对物体进行直接拍摄的艺术形式来表现美。但与此同时，其他的一些摄影师则试验各种摄影形式以寻找一种新的视觉感。由于受到战争与其他冲突的影响，有些摄影师把焦点转向了政治，继续向 Robert Frank 或 W. Eugene Smith 曾经选择的拍摄方向进行创作。还有一些摄影师（比如，Lee Friedlander、Diane Arbus 以及 Garry Winogrand）仍然坚持拍摄在街头发生的事情，记录发生在那里的可笑和悲伤的以及具有讽刺意味的事情，用镜头来表现人们的日常生活。

摄影最终成为了一种正统的艺术形式。在 20 世纪 70 年代末 80 年代初，一些新兴的摄影艺术家（比如，Cindy Sherman、Robert Mapplethorpe 以及 Barbara Kruger）都反对将摄影作品放在摄影美术馆中展览，他们要把自己的作品放到艺术博物馆进行展览，他们觉得这样能使摄影更加繁荣。此外，还有一些摄影师（比如，Irving Penn 与 Richard Avedon）是通过其拍摄的商业摄影作品而广为人知的，他们也将其编辑图片与个人作品放在主要的艺术博物馆中进行展览，因此在某些方面引起了一定的争议。随着彩色摄影技术的进步与提高，之前受到冷落的艺术摄影师们再次受到了人们的喜爱。

博物馆雇佣摄影策展人并向其收取空间使用费，从而使摄影展览更加频繁。此外，一些新的摄影艺术机构也相继被建立起来了，比如，1974 年建立的国际摄影中心与 1975 年建立的创意摄影中心。到了 20 世纪 80 年代，摄影变成了博物馆展览、学术界以及世界艺术中不可或缺的重要部分。

摄影吸引了其他领域一些著名学者的关注。比如，欧洲学术界著名的理论作家 WalterBenjamin 与 Roland Barthes 相继去美国和其他国家了解与学习摄影艺术。在 1977 年出版的《On photography》中，Susan Sontag 提出了关于艺术媒介且十分敏感的一个话题，即摄影美学以及它与整个文化之间的联系。Sontag 证实了摄影是一个十分值得认真研究的学科，由此摄影才真正成为了一种正统的艺术形式和真正的学术课题。到了 20 世纪 80 年代初，人们不仅接受了摄影，而且对其非常狂热。

摄影师：CINDY SHERMAN，《无题摄影13号》，摄于 1978年

Sherman 是以后现代艺术新星的名号以及其拍摄的无题摄影系列而成名的。在这一系列作品中，她以自己扮演演员的方式来完成摄影。

摄影师：ROBERT CUMMING，《镜子》，摄于1975 年

"概念摄影"是 Cumming 早期摄影作品的典型代表，像这幅作品，它完全脱离了我们对传统对称美的观念。他的很多类似的概念性作品也展示了时代人们的空虚的心灵。

摄影师：RICHARD AVEDON，《Sandra Bennett，12岁》，1980 年8月23日摄于美国科罗拉多州的罗克福特镇

数码摄影的前身

对 影像操控的历史几乎和摄影本身的历史一样长。早在电脑被发明以前，人类就一直试图去实现那些如今用数码技术已经做得很好的事情——合成影像。

H.P.Robinson、Oscar G.Rejlander 等人通过使用剪裁、粘贴、蒙版和翻拍的方法制作预言或圣经故事插图，在照片中创造出戏剧化的或简单有趣的场景。

在 20 世纪早期，Man Ray 和 Laszlo Moholy-Nagy、HannahHöch 以及 John Heartfield 所示等艺术家们创造出了超现实的（有时候具有政治意味的）照片蒙太奇作品。

今天，很难想象我们的社会中会有一些领域没有受到数码影像的任何影响。印刷和媒体产业、艺术界、医药领域、政界以及体育界如今全都在使用甚至是依赖数码影像。比如，很多网站每天为我们同步朋友们、宠物、孩子以及任何事情的影像，这样的局面，即使在 10 年前也是没有人能够预料到的。

摄影技术的发明者们最初是基于科学研究领域的，比如 19 世纪的 William Henry Fox Talbot 以及 John Herschel 爵士。Talbot 碰巧是数学家 Charles Babbage 的朋友，后者成功地研发出了自动计算器"差分机"—现代电脑的直系鼻祖。在 20 世纪中叶，科学家和工程师在研发数码影像系统的过程中充当了关键角色。空间导航与定位系统促进了这一领域的发展，比如，哈勃太空望远镜和高级电视摄像机的研发工作。

数码化的影像迅速普及到公众领域。技术成熟的电脑设备被用来生成新的特殊效果，在电影制作领域，电脑被用来制作卡通片，比如《星球大战》（1977 年）。炫目的影像效果迅速俘获人心，一些艺术家开始探索新的视觉可能性。在 20 世纪 90 年代早期，柯达、索尼和富士等一些致力于开发数码相机的大公司开始展开竞争。2008 年 1 月的时候，日本相机制造商的贸易组织报告显示，传统胶片相机所占的销售份额已经不足 0.1%，之后他们就停止了胶片相机的月度销售报告的统计工作。

摄影师：OSCAR G. REJLANDER，《Rejlander 先生自愿介绍Rejlander先生》，摄于1865年

摄影师 Rejlander 经常将不同的照片拼合起来以制作合成照片。他喜欢这种戏剧效果，拍摄自己以及别人，表达感情，研究角色，创造复杂的、寓言般的场景。在这张自拍照中，他自己既扮演画家，又扮演被画的士兵。

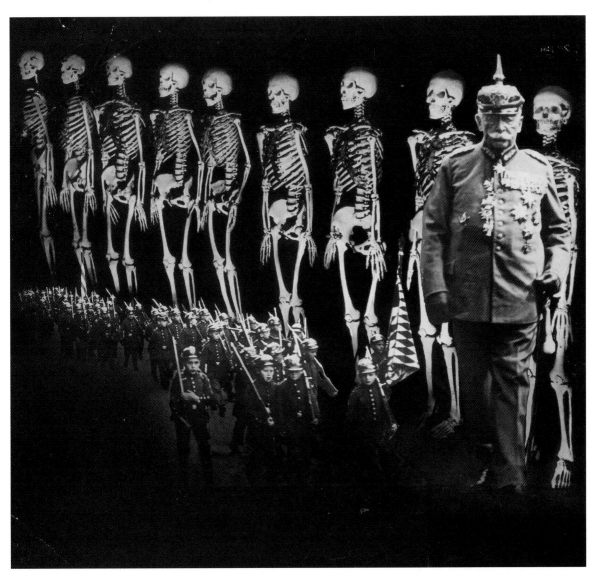

摄影师：John Heartfild，《父辈与子辈》，摄于1924年

　　摄影师 Heartfield 使用摄影蒙太奇的方式阐述了强有力的政治评论。当时正值第一次世界大战结束 10 周年，他把展示勋章与配件的将军、一队身着制服前行的男孩的影像拼合在一起，男孩们会像他们的父辈一样——将来的某一天也许会成为骷髅一般的战争机器。

数码摄像成为主流

Adobe 公司出品的 Photoshop 软件的介入成为公众接受和使用数码相机的一个主要转折点。在一个早期的展览中，《数码摄影：捕捉到的影像》《易变的记忆》《新蒙太奇》（创作于 1988 年），它们的作者包括 Paul Berger、MANUAL (Suzanne Bloom and Ed Hill，下图）、Esther Parada、Martha Rosler 以及其他一些使用数码技术实现各自不同目的的艺术家。数码影像系统的适应性以及电脑应用的结合使得许多艺术家开始探索交叉媒体和交叉学科的制作，作品形式从装置到音乐和视频。

到 20 世纪 90 年代的时候，很多一直致力于拍摄黑白照片的传统摄影师开始转向拍摄彩色作品，其中有一部分原因是数码技术简化了色彩管理，提高了控制性，使得输出制作过程变得更加简单。

在不到一代人的时间里，数码技术实际上已经完全取代了传统摄影媒介。任何一个有照相机的人（甚至仅仅是携带一台带照相功能的手机的人）都可以成为一名影像作者。2007 年底，纽约时报曾预测整个世界范围内在 2008 年将新产生超过 4780 亿张照片。

数码影像处理如今已经变得很平常了，不管是在新闻中、广告中或是在我们拍摄的快照中简单地将难看的电话线移除（或是将不喜欢的人去掉）。摄影的魅力总是在某种程度上体现于对照片的控制属性上，甚至正在改变我们对真实世界认知的经验。我们正身处于变革的洪流中，而我们才刚刚开始了解这一变革的全貌和含义。

摄影师：MANUAL (Suzanne Bloom 和 Ed Hill)，《破碎的画框》，创作于1996年

数码手段可以让你对一个场景进行评论；Hill 和 Bloom 经常从美国生活的神话开始寻找主题。本图中，闪亮的画框圈住的部分是我们对自然环境造成的创伤，而那些木料则正是我们用来生产画框的材料。

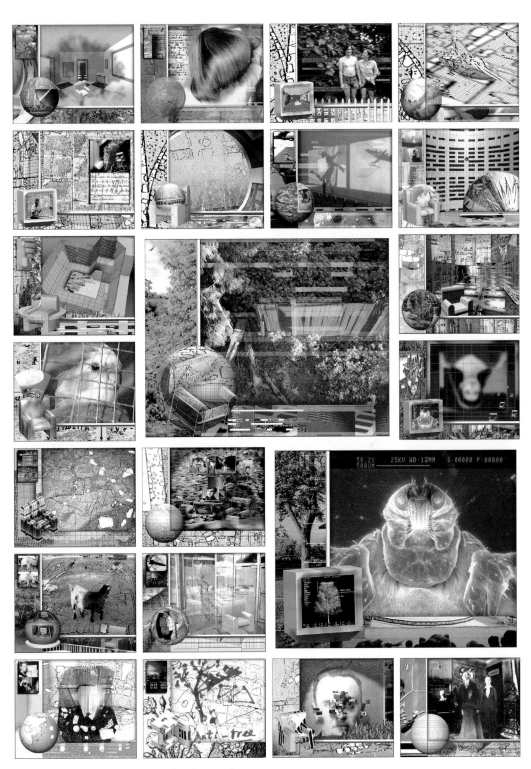

摄影师：Paul Berger，《Card Plate #7》，摄于1999年

摄影师 Paul Berger 是将数码影像作为良好艺术媒介的一个先驱。他同时在同一本书的多个页面中印上照片。书中每个章节中的图片的元素都重复变化着，让观赏者自己去发现书中不同部分的联系。

附录

疑难解答

在信息时代，各方面的知识和信息铺天盖地，摄影也不例外。许多书本和杂志中都会介绍相关的摄影知识和技术，还有很多会有古今中外的拍摄实例。

摄影器材城的工作人员对有关摄影的问题比较了解，他们中的大多数人甚至还是摄影爱好者，在生意不太忙的时候，他们经常会在一起讨论有关摄影的问题。

许多地方开设有摄影提高班和研究班等，从最简单的图像拍摄，到更专业的打光技巧，都有教授。我们可以通过咨询摄影器材城、大学中的有关人员，或者通过因特网，来打听这方面的有关信息。

因特网几乎可以回答你任何关于摄影的问题，它就像一个藏书量极大的图书馆，源源不断提供给你各种相关的信息、评价和图像。你甚至还可以在网上购买有关摄影的书籍和设备等。你还可以通过网络将你拍摄照片与其他爱好者一起分享。

许多大学和公共图书馆中都会为大家提供能上网的电脑。在网吧上网也很方便，费用按小时计。此外，还有一些咖啡屋和商业场所会提供免费的 Wi-Fi 信号，通过笔记本中自带的无线网卡就可以轻松上网。

如果家里要上网，除了要有上网用的电脑以外，还需要向有关的服务商提出申请，请他们上门来安装。有不懂的问题，可以问问本地的电脑经销商，也可以购买一些必要的书籍自己学习。

上网离不开网页浏览器，它是一种专门用于浏览网页的工具软件，常用的有Mozilla的Firefox、Apple的Safari和Microsoft的Internet Explorer等。它们都是免费的，一般而言，品牌机在出厂时都会预装至少一种网页浏览器。在网页浏览器的地址栏中输入网址，就可以浏览到你需要的信息了。

使用搜索引擎可以帮助你找到自己需要的信息。Safari 和 Internet Explorer 等浏览器中甚至还集成了百度等搜索引擎。在搜索引擎中输入关键字，就可以查找到需要的信息。利用多个关键字一起查找，还可以大大缩小查找的范围。比如，以"photography"为关键字进行搜索，可以找到3亿2千万个网站；将搜索范围缩小到"photography、博物馆"，可以查找到1100万个网站；进一步缩小搜索范围，"photography、博物馆、Rochester"，搜索到的网页有27.8万个，但是可能只有最上面的一条是你需要的信息，即 George Eastman House 的官方主页。

导航网站非常有用，其中列出了许多类型的网站，直接点击就可以转到你想要访问的网站。关于摄影方面的最著名的导航网站是 The Photography Portal (www.the photographyportal.com)，通过该网站我们可以找到许多关于摄影的其他网站。

互联网上各种产品的信息异常丰富。相机的生产商会在网上公布它们新产品的型号、特点、价格等信息，你随时都可以查阅下载。

甚至有的博物馆在因特网上都有自己的官方网站。图中显示的是史密森美国艺术博物馆的主页中一组关于风景照的目录，照片中还有艺术家的简介。

一些摄影组织会有自己的画廊和图书馆，里面有许多公开发行的关于摄影的报纸和杂志。有的摄影组织还会有自己的官方网站。

每个摄影者在拍摄、扫描和打印时，都会遇到意想不到的问题。这一节中的内容将帮助你分析产生这些问题的原因，并防止类似的问题再次发生。

解决相机和镜头问题

图像一片黑暗

原因：相机的感光元件或胶片没有曝光。

预防：增加几挡曝光后重新拍摄。确认镜头盖已经打开。在使用闪光灯时，闪光灯有可能未打开。

光线条纹：沿着底片边缘或影像区域中有条纹（在负片上较暗，在照片与反转片上较浅）。

原因：拍摄时离太阳、亮灯或其他光源太近，或者光线从某个角度直射入镜头。

预防：如果你从取景器中能看到光源，就很可能有眩光。光源越大越亮，眩光就会越强。远处的或者较暗的光线可能根本就不会产生眩光。为了阻止杂光进入镜头，请使用与镜头匹配的遮光罩，确保阳光不直接射入镜头。

图像不锐利。当将图像放大至 100% 查看或打印时，这种现象很容易出现。

原因：慢速快门拍摄运动的物体，或者由于相机的抖动导致成像模糊。大光圈将会使焦点处清晰成像，焦点前后会失焦。镜头弄脏后，有时也会降低画面的整体锐度，尤其是在有镜头眩光时。

预防：拍摄时用较快的快门速度、较小的光圈，或使用具有防抖功能的相机。保持镜头的清洁。

暗角。图像暗淡或者图像的四个角非常暗。

原因：部分影像被镜头的遮光罩或滤镜挡住了。

预防：要使用适合相机的遮光罩，合适的遮光罩的尺寸是与镜头焦距相匹配的。如果遮光罩对于镜头来说过长，它会向前延伸得过远，因此会挡住部分影像。如果使用了不止一片滤镜或加上了遮光罩，就会造成暗角，特别是在使用短焦镜头进行拍摄时，则更容易出现这样的现象。

长焦镜头用的遮光罩

短焦镜头用的遮光罩

解决相机和镜头的问题

照片中出现线条。

原因：CCD 没有响应。有一行线出现在数码照片中，说明相机的感光元件中有一行 CCD 没有接收到像素信息。

预防：如果问题的原因确定了，那可能就需要更换相机的感光元件，甚至是整个相机了。不过在后期处理中可以对这个线进行处理，在 Photoshop 中，你可以选取一个像素宽度的行或列进行单独处理。

脏点。数码照片上的黑色小点，底片上是透明的。

原因：在曝光过程中相机的感光元件或胶片粘上了灰尘，感光元件表面的灰尘会挡住触击到它的光线。

预防：在装胶卷或更换镜头时，要为相机的外面与内部进行除尘，详见第 31 页。在使用前，清除镜头盖上的灰尘。对于已经出现黑色斑点的照片来说，可以通过图像处理软件来进行修饰。

明暗问题

主体很暗，背景很亮。

原因：相机的测光表对其视角内的所有色调进行平均测光，然后根据中灰调计算出曝光值。出现该问题，说明整个场景的平均亮度比中灰调要亮，从而导致拍摄对象看上去很暗。

预防：如果拍摄对象出在一个很亮的背景中，就不要对整个场景测光。尽量靠近拍摄对象，然后对拍摄对象中的中灰调部分进行测光，根据测光的结果设置相应的快门速度和光圈值（详见第 74 页～第 75 页）。

主体很亮背景很暗。

原因：如果主体很亮，说明测光表受暗部影响较大，从而导致整张照片曝光过度。

预防：当拍摄对象在一个比较暗的背景中时，请不要对整个场景测光。尽量靠近拍摄对象，然后对拍摄对象中的中灰调部分进行测光，根据测光的结果设置相应的快门速度和光圈值（详见第 74 页～第 75 页）。

清晰度问题

照片中本不应该清晰的影像却十分清晰。

原因：1. 景深不够。过大的光圈容易导致景深太浅，使焦点处的物体清晰，焦平面外的物体模糊。2. 快门速度过慢，曝光过程中拍摄对象或相机发生了移动。3. 相机没有对焦在主要的拍摄对象上。

预防：1. 用较小的光圈拍摄。2. 选择较快的快门速度，或将相机固定在三脚架上。3. 利用手动对焦，或者确保你知道镜头的自动对焦距离。

全部或部分失焦。

原因：如果整个图像都失焦，说明相机的感光元件在曝光时发生了振动，或者是胶片离感光元件的焦平面太远了。如果是部分失焦，说明在曝光过程中感光元件产生了颠簸，或者是胶片弯曲、不平或移动了。

预防：拍摄时确保相机稳固，并且不会被周围其他设备的振动所影响。玻璃底片夹能够保持底片的平整。如果没有这一工具，应尽量避免进行长时间的曝光。此外，也可以在曝光之前先打开放大机让底片预热一下，然后重新调焦。

闪光灯的问题

有部分场景曝光正确，还有部分场景过亮或过暗。

原因：拍摄场景中的物体离闪光灯的距离各不相同，因此需要曝光时需要不同的光量。

预防：拍摄时，尽量使场景中重要的部分与闪光灯之间的距离保持一致（详见第 146 页）。

闪光灯的问题（续）

只有部分场景曝光。

原因：拥有焦平面快门的相机，如数码单反相机，在拍摄时快门速度过快，以至于闪光灯闪光后，快门还没有完全打开。

预防：查看相机的使用手册，掌握正确的闪光灯同步快门，并在拍摄时使用相应的快门速度。对于大多数相机来讲，1/60s 是一个相对比较安全的快门，也有一些相机的安全快门还要更快一些。一般情况下，在相机的快门速度拨轮上，闪光快门速度会用不同的颜色标识出来，或者也可能被标识为 X。

主体看上去太亮或太暗。 相对于自动闪光来说，手动设置闪光出现问题的几率还要更大，更多有关闪光灯的操作请见第 140 页～第 141 页。

原因：太暗，说明场景曝光不足，没有足够的光线抵达胶片或数码相机的感光元件。太亮，说明抵达胶片或相机感光元件的光线太多了。如果手动设置闪光灯曝光，拍出的照片过暗或过亮，可能是因为相机的镜头光圈设置不正确，或者是在曝光前闪光灯还没有完全回电。

预防：在手动模式下拍摄室外夜景，或在如体育馆这样巨大的空间中进行拍摄时，应该增加一挡曝光量，否则相对黑暗的环境会吸收本应反射回来、可以增加曝光量的光线。如果使用闪光灯后拍摄出的照片经常过暗，尝试把闪光灯的胶片感应度设置成所用胶片的感光度的一半。

在手动模式下，拍摄面积较小、颜色较亮的房间时，可以减少一挡光圈，从而弥补由墙壁或天花板反射的光线所致的曝光过度。如果使用闪光灯后拍摄出的照片总是曝光过度，应尝试把闪光灯的胶片感光度设置为所用胶片的感光度的 2 倍。

附录　211

解决反光问题（续）

不受欢迎的反光。

原因：光线从玻璃、镜子、明亮的墙面等处反射回来。

预防：调整相机的拍摄角度，使镜头不要正对着反光表面，或者利用跳闪。

红眼。人或动物的眼睛在彩色照片上呈现红色或琥珀色，在黑白照片上显得非常亮（详见第146页）。

原因：视网膜充血后反射了光线。

预防：拍照时，让人物不要看着相机或不使用闪光灯，就可以避免红眼效果的产生。有些相机具有去除红眼的拍摄模式，在进行曝光之前，闪光灯会预闪一下。此举会使眼睛的虹膜收缩，从而减少眼睛中的红色。

解决颜色问题

照片整体偏绿。

原因：在荧光灯下拍摄照片。荧光灯设备能发出大量的绿色光线，从而使整个拍摄场景呈现绿色。

预防：对于胶片摄影，拍摄时为镜头装配一个 FL 荧光灯滤镜。对于数码摄影，请将白平衡模式设置为"荧光灯"。

照片整体偏蓝或偏红。

原因：彩色胶片或数码相机的白平衡设置与场景中的光线类型不匹配。如果使用灯光型胶片在日光下拍摄或在拍摄时使用了闪光灯，就可能使画面呈现蓝色；日光平衡胶片在钨丝灯下会呈现红色。

预防：对于数码摄影，请设置与光线类型匹配的白平衡。对于胶片摄影，日光下或使用闪光灯进行拍摄时，应使用日光平衡胶片；在钨丝灯下拍摄时应使用室内胶片。

无法预料的影调。

原因：来自周围彩色物体的反射光会使影像产生无法预料的色彩。在树荫下拍摄人物时，产生的效果会使人物的皮肤发绿。这是因为光线被绿色的树叶所滤掉了。同样，色彩强烈的墙面所反射出的光线也会影响照片的色调，并使其产生偏色。这种色彩的反射对人物的皮肤或白色、灰色等中性色彩的影响尤为明显。

预防：尽量避免在这种环境下拍摄。有时，还可以在后期处理过程中适当调整白平衡。

解决其他数码摄影中的问题

马塞克。图像的边缘看起来有锯齿的，细节部分不清晰。

原因：图像的分辨率低于图片的使用需要。

预防：在显示器中，72ppi 就比较理想了，但是，如果采用喷墨或彩色热升华打印机进行打印，图像的分辨率则需要 180 ~ 360ppi。如果是扫描的照片，你可以根据需要对照片进行高分辨率设置的重新扫描。

如果是数码相机拍摄的照片，应尝试使用 Photoshop 中的"图像">"图像大小"命令来以较高的分辨率对图像进行取样。在下一次拍摄时，使用较高的分辨率进行拍摄。

影像模糊。细节部分不清晰。

原因：可能是因为焦距不正确或相机在拍摄时发生了振动，也可能是由文件过度压缩引起的。

使用数码相机拍摄时，设置了较低的图像质量模式。在较低的图像质量模式下（也被称为"基本"或"好"），相机会自动对照片进行压缩。当影像被重新打开后，它会失去细节。当打印出的照片较小时，这些细节都可以被忽略，可是放大后则会非常明显。

预防：在拍照之前先预计一下照片的尺寸及用途。仅仅在因特网上使用的照片在拍摄时可以选择较低质量的模式。如果将来想制作一张 8×10 英寸的照片，就一定要选择最高的质量来输出。

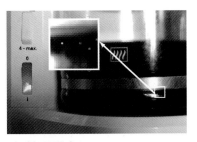

数码噪点。图像暗部具有色斑与奇怪的杂色。

原因：通常发生在图像的阴影区域。在拍摄夜景的时候，长时间曝光或拍摄光线不足的场景时会出现这种问题。

预防：尝试使用较低的感光度（ISO 100 或 ISO 200）进行拍摄，不要使用 ISO 800 或 ISO 1600 拍摄。此外，还可以利用 Photoshop 中的"滤镜">"噪点">"滤光镜">"杂色">"去斑"命令。尽管这样可以消除图像上的噪点，但也会使图像略微的模糊。

空白区域。图像中产生了意想不到且没有任何细节的空白区域。

原因：使用数码相机进行拍摄时，将感光度设置得过高。

预防：尝试使用较低的感光度进行拍摄，这可能需要三脚架与较慢的快门速度，或者使用闪光灯以及额外的室内光线进行补光。

锐度过高。图像的细节部分过于突出，从而使图像反差过大甚至可能产生数码噪点。

原因：在编辑图像时锐化过度（详见第 104 页）。

预防：重新扫描照片、幻灯片或负片，不要刻意锐化它们。对于数码图像，返回到没有锐化前的原文件。重新锐化图像时，请将图像 100% 放大后，仔细检查。

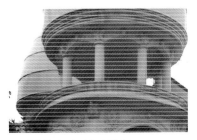

照片上出现了线条。

原因：打印方向偏离或喷墨打印机墨头堵塞。

预防：使用打印软件检查问题。让打印机对墨头进行周期性的自动冲洗，或让打印机在特定的时间里输出打印小样。

摄影师：Brian Ulrich，《Untitled（Thrift 0509）》，摄于2005年

　　数码领域中产品的更新速度非常开，上图所示的照片是摄影师"二手商店"系列照片中的一张。随着广告的不断投放，这些摄影的设备和软件也在不断更新。

像差 镜头的光学失真，它会使影像不清晰或产生扭曲变形。

加色法 通过混合加法将红、绿、蓝3种光线进行混合来产生色彩。

视角 镜头或取景器所涵盖的观测范围或测光表读取的范围。

光圈控制 通过相机镜头上的光圈环（有的相机是通过按钮）调整光圈值，改变镜头内光圈叶片的开口大小，从而可以改变相机的进光量。

光圈优先模式 一种自动曝光的模式，摄影师选择光圈后，相机会自动地根据光圈来决定快门的速度，从而得到正确的曝光。

自动曝光 是一种相机自动设定光圈值与快门速度组合来产生正确曝光的拍摄模式。英文的缩写为AE。

自动闪光 电子闪光灯具有光敏元件以及电子测量电路，根据被摄物的反射光线决定是否进行闪光，从而来获得正确的曝光。

平均测光 测光表对场景内所有光线的平均值测光。

皮腔 在大画幅相机上，它是不透光线的伸缩腔，像手风琴的皮腔一样，被夹在相机的镜头板与取景器之间。此外，它也被用于近距离摄影的小型相机。

比特 电脑使用的最小的二进制单位，用1或0来表示，用来表示一种或两种情况（比如，开或关）。

字节深度 用来表示数码影像中每一个像素的字节数量。它决定着画面色彩与影调的范围。

出血装裱 这种装裱方式不留框边，照片的边缘与装裱的背板具有相同的尺寸。

反射光 光线不是直接照射到被摄物上，而是先照射到其他物体的表面，然后再形成反射照明。

包围式曝光 在正确估计曝光量的基础上增加或减少几挡曝光量进行拍摄。包围式曝光允许出现错误，但基本上可以在几张不同曝光的照片中选出曝光效果最佳的影像。

内置测光表 在相机内设置的反射式曝光测光表，它可以从相机所在的位置测量光线。

相机快门的B门设置 快门设定在B门，当按住快门按钮不放时，快门会一直保持打开状态直到松开快门按钮。

快门线 一条长线缆，一端是按钮，另一端连接在相机的快门上。当按动按钮时，快门就会开启，但不会使相机产生振动（不用接触相机）。

中央重点测光 测光表在测光时片中画面的中央位置，对于周围也给予某种程度的考虑。

CMYK 印刷与数码打印使用的4种颜色。数码影像可以用黄品青黑或红绿蓝进行存储或者编辑。

色彩管理 协调不同影像输出设备的颜色，比如，使数码影像在显示器上的色彩与打印出来的色彩相同。

色域空间 1.一种定义颜色的系统，比如RGB或CMYK。2.预定义的色域，比如sRGB、Adobe RGB (1998)、和ProPhoto。

色温 对光线色彩的数据描述，以Kelvin（K）为单位。

合成影像 由两张或多张影像合成而来的影像。

压缩 减小数码影像文件的大小，从而减少其所占的存储空间，并提高其在网上的传输速度。有损压缩技术会去除一些信息，从而具有很高的压缩率，可以使文件变得很小。无损压缩技术则能够在不损失任何信息的情况下压缩影像文件。

对比度 场景或照片中亮部和暗部之间的差别。

高对比度 明暗部的差别非常强烈。

剪裁 剪掉画面的边缘，从而改善构图。可以在拍摄时通过移动相机来剪裁画面，也可以在放大照片时通过调整放大机或压纸板来剪裁画面，或者剪切打印出的照片来实现剪裁。曲线变形 参见桶状镜头变形与枕式变形。

暗房 用于冲洗胶片与放大照片的房间，要求房间中几乎没有光线，这样在处理摄影感光材料时才不会曝光。

景深 当影像具有能够让人接受的清晰度时，距离相机最近的区域到最远的区域之间的范围。

光圈叶片 控制镜头打开程度的机械构件，从而能够控制镜头的进光量。由重叠的金属叶片组成，叶片组合后在中央形成一个近似的圆形孔。其开度的大小被描述为f挡或光圈值。

散射 光线来自不同的方向，比如，阴天时的光线。

直射光 直接射向拍摄对象的光线，会产生强烈的高光和阴影。

干裱 将照片粘到另一种物体（通常是硬纸板）的表面上。在照片与纸板之间使用一种干裱材料，采用热压的方法使其融化。而对于压感干裱材料来说，则不需要热量的辅助。

电子闪光灯 其灯光内的气体放电管经过通电之后产生短暂且明亮的闪光。与闪光灯泡不同的是，电子闪光灯可以重复使用。

曝光 1.让光线照射到感光材料上。2.照射到感光材料上的光量，特别是光线的强度与时间。

测光表 测量照射到物体上的光线（入射式测光表）或测量物体反射的光线（反射式测光表），摄影师可以根据其测量结果来设定相机的光圈值与快门速度。

曝光模式 相机操作的类型，比如手动模式、光圈优先模式、快门优先模式等，主要觉得摄影者需要手动控制什么，相机需要自动控制什么。一些相机只有一种模式，也有许多相机拥有多种模式。

Exif Exchangeable image file 文件格式的英文缩写，其中保存了相机拍摄时各种信息。见元数据。

胶片 相机用于记录影像的感光材料，通常，感光乳剂都涂在塑料片基或软性醋酸纤维上。

滤镜 1.一片彩色的玻璃、塑料或其他材料，主要用于吸收某种波长的光线。2.使用这种滤镜来更改照射到感光材料上的某种波长的光线。

鱼眼镜头 一种极端的广角镜头（可以达到180°），它可以使景物发生桶状变形（一个场景的边缘会围绕着图像的中心弯曲变形）。

炫光 当光线直射到镜头中时出现的耀斑，当它照射到胶片上时会降低影像的反差。

闪光灯 1.一种可以产生瞬间照明的光源。2.放大照片时，将光线为局部加光，如用笔尖手电筒照射发白的区域。

平（反差小） 是指某一拍摄场景、底片或照片的影像中，最暗区域到最亮区域的反差很小。与平相对的术语为反差大。

焦距 当镜头对着无限远处进行调焦时，从镜头到焦平面的距离。镜头的焦距越长，影像的放大率越大。

焦平面 是指对焦镜头形成的清晰图像所在的一个平面或表面，也被人们称为胶片平面。焦平面快门 一种在焦平面前通过移动或打开缝隙使光线进入相机曝光胶片的相机装置。

焦点 是指对焦图像上的一点，也是被摄物上的能够反射出光线并会反射光相互交错的点。

对焦环 在相机镜头的外围，转动对焦环可以改变镜头的焦平面，从而对特定距离处对焦。

调焦布 大画幅相机调焦时用于遮挡光线的黑色布料。此布料盖在相机的上面，摄影师的头伸到黑布中，从而在调焦屏上清晰地看到调焦情况。

F挡（f/数字） 一个数字，如f/2、f/2.8等，用于表示光圈值的大小。

伽马 描述色调或数值改变的一个数值。伽马越高，反差越大。

色域 能够看到的色彩范围或一种设备所能够产生的色彩范围。比如，数码相机能记录的色彩范围。

鬼影 1.一种由镜头中镜片的内反光形成的眩光。当太阳光或点光源进入镜头，经过多次反射之后，在光源的相对位置形成一清晰亮点2.在有光线的环境中使用闪光灯拍摄时，会同时生成模糊和清晰的像，它们会产生重叠。闪光灯生成的像清晰，如果拍摄对象产生移动，利用环境光产生的像会模糊。

相纸 正面光滑，背面不光滑的打印（或冲印）纸。

灰卡 一张能够体现光线照射到其上的百分比的卡片。通常灰色的一面反射18%的光线，白色的一面反射90%的光线。常被用于精确地曝光测光或在彩色摄影中提供正确的灰色参考。

亮部 场景或图像中非常亮的区域。

直方图 显示了数码影像的影调分布（从白到灰再到黑）或色彩分布。

热靴 位于相机顶端连接闪光灯的插座，将闪光灯插入热靴后可以使闪光灯与相机快门同步闪光。

入射式测光表 是一种能够测量出照射到被摄物上光量的测光表。

无限远 在镜头上具有这一最远标志，它包括无限远距离内的所有景物。当景深为无限远时，所有的景物都应该是清晰的。

红外线 波长超过红色光线的不可见光线，人只能感觉到其一定程度的热量。有些摄影材料可以对红外线感光并记录下它的影像。

喷墨打印机 一种能够将细微的墨点喷洒到特定纸张上并喷出具有连续色调的照片的数码打印机。

ISO 一组用于表示相机感光元件或胶片对光线敏感程度的数值。数值翻番，感光度随之翻番。

JPEG 一种保存数码影像的有损文件格式，它会对数据进行压缩，以节省电脑的存储空间。

曝光宽容度 在不损失影像质量的前提下，曝光不足或曝光过度的范围。

叶式快门 它是相机的一种机械系统，开启或关闭重叠在一起的环式金属片，其开口大小决定着进入相机的光量。

镜头清洗液 一种用于清洗镜头的液体。

镜头镀膜 一种在镜头表面的很薄的涂层，用于降低反光。

遮光罩 罩在镜头外的保护罩，用于阻止不需要的光线进入镜头，形成眩光。

长焦镜头 这种镜头的视角较窄，可以在图像中放大物体，通常也被称为远摄镜头。

照度 由某一被摄物的特定区域所反射或产生的朝着特定方向照射的、能够采用入射式测光表进行测量的光量。

放大倍率 物体在图像中呈现的大小。某张图像的放大倍率主要由镜头的焦距决定。长焦镜头的放大倍率较大。

主光 摄影时的主要光源，特别是在摄影棚里，主光的作用更为明显。它主要用于塑造光影、质感与体积。

手动曝光 相机的非自动曝光模式，主要由摄影师来设定光圈值与快门速度。

衬底卡纸 在纸版上切开一个窗口，将照片装裱在窗口下面。

卡片斜角切刀 一种较短的刀片式切刀，可以把更换的刀片安装在容易把持的把手上以用来切割装裱卡纸。

绒面相纸 通常是指表面较为粗糙、反光并不强烈的相纸。与其相对的为光面相纸。

中灰 标准的平均灰色，能够反射 18% 的光线。

中间调 照片中中等亮度的部分，不是很亮，也不是很暗。在打印时呈现中灰色调。

负像、底片 1. 负像，任何图像的影调与真实的被摄物的影调都是相反的。2. 底片，胶片在相机里曝光并冲洗出来后形成负像。

中灰密度滤光镜 是相机镜头外加滤镜的一种，起到减弱光线进入镜头，降低感光度的作用。中灰镜对色彩无影响，也不改变被摄物的光线反差。

噪点 数码照片中，多出现在暗部细节中的颜色或亮度跳跃的像素。

曝光过度 曝光时光线过多，导致图像太亮。

摇拍 追随摄影，相机随着被摄物移动，从而使主体清晰而背景模糊。

视差 由于旁轴取景式相机的镜头与取景器不属于同一光学系统，因此眼睛看到的景物与实际拍摄的景物略有差别。

五棱镜 是单反相机取景的反光装置，其作用是将对焦屏上上下颠倒的图像矫正过来，使取景看到的图像与直接看到的景物方位完全一致，使操作者能够正确地取景和对焦。

透视 影像的大小与纵深感的变化。

摄影泛光灯 一种可以提供明亮、柔和照明的白炽灯，但是其使用寿命很短。

近距离摄影 拍摄的影像与原物体的尺寸相同或更大一些，又称微距摄影。

摄影蒙太奇 将几张照片的部分画面组成一个新的影像。

针孔 在底片上出现的小白点，通常是由于灰尘或冲洗胶片时的气泡所致。

像素 是影像元素的缩写。数码影像是由诸多单个像素构成的，每个像素都有自己的色彩与影调，可以显示、更改或存储。当像素足够小的时候，人眼会把它合并成连续的影调。

主对焦平面 一个场景中对焦最清晰的部分。

插件 是应用程序（如 Photoshop）附加的软件。有些 Photoshop 的插件还能够扩展程序的功能，增加特殊效果，操作扫描仪或提高对选取区域的控制与清晰度。

偏正滤镜 选择适当的角度可以挡住光波的振动，从而减少非金属表面或水的反光。

正片 明度或色彩与原始场景相同的影像。

ppi 每英寸所具有的像素，它是衡量数码相机、数字影像或显示器清晰度的标准。

三原色 可以用来调配出任何其他颜色的 3 种基本色彩。详见色光三原色与色料三原色。

数码色彩管理文件 一种应用于数码设备（比如，打印机）中的、能够描述色域或色彩范围的数据。它可以统一不同设备的色域。详见色彩管理中有关

色域的讲述。

程序自动曝光 相机的一种曝光模式。相机自动设定正确的快门速度与光圈值的组合。

测试校样 主要用于评测照片的密度、反差、色彩平衡及构图。

反射式测光表 一种可以测量出被摄物反射或发出的光量的设备，有时也被称为照度测光表。

反光板 1. 反光的表面，如白色的板。它可以被用于减弱阴影。2. 反光的表面呈碗形，通常在照明灯具的后面，为被摄物提供更多的光线照明。

反射式相机 这种相机内置一面镜子，它能够将镜头拍摄的景物反射到取景器的毛玻璃上。参见单镜头反射与双镜头反射。

树脂涂布相纸 这种相纸涂有防水的塑料层，比没有涂层的相纸减少吸水量，明显地缩短了冲洗时间，简称 RC 相纸。

分辨率 1. 区分细节表现的能力，比如，一个镜头所拍摄出的照片质量的衡量标准。2. 在表现给定区域的细节时，最微细的细节表现或数据量，在数码影像文件与显示器中，清晰度即分辨率，它是指每英寸的像素数量（ppi），在打印机上则是每英寸的墨点数（dpi），在扫描仪上则指扫描影像的特定区域所保存的采样数量（spi）。

RGB 红色、绿色与蓝色，也是数码影像所使用的三原色。它们可以混合成电脑显示器上的任何一种颜色。在数码图像编辑软件上也使用这一色彩系统。

扫描 将照片、反转片、负片转换成数码影像的过程。扫描需要扫描仪与扫描软件的辅助才能实现。

清晰 形容一个影像或影像的一部分是否具有精准的质感或细节。与清晰相反的是模糊或柔化。

锐化 通过图像处理软件提高图像中某一部位的清晰度或者焦距程度，使图像特定区域的色彩更加鲜明。

短焦头 此类镜头的焦距要比所用的胶片的对角线的长度短，在给定的距离内，其视角比人眼的视角大，又被称为广角镜头。

快门 是一种能够打开或关闭以决定光线进入相机时间的机械装置。

快门优先 一种自动曝光的模式，摄影师设定快门速度，由相机自动设定光圈值并得到正确的曝光量。

剪影 影像中只有被拍摄对象黑暗的轮廓，与明亮的背景形成鲜明的对比。

单反相机 相机内的镜子将镜头拍摄的景物反射到取景器的毛玻璃上。曝光时，镜子在光线到达胶片之前翻开。英文简称为 SLR。同步器是一种电子闪光灯的装置，在探测到其他闪光设备爆发出连续闪光时，它就会工作。

柔化 1. 形容一个影像是否模糊或处于跑焦状态，与其相反的为清晰。2. 形容一个场景、底片或照片的反差较小，与其相反的为高反差。3. 说明一种相纸的反差很小，如 0 号或 1 号相纸。

速度 1. 胶片或相纸的相对感光度。2. 镜头的最大光圈容纳光线的相对能力。

点测光表 一种测量小区域反射光的测量表，通常用于测量被摄物局部的亮度。

挡 1. 镜头上的光圈挡位。2. 改变曝光或照度时，增加一挡曝光会有两倍的光照射到胶片或相纸上，减少一挡曝光则只有一半的光线。可以改变光圈大小，也可以改变快门速度。

降挡（缩小光圈） 减小相机镜头的光圈。与其相反的是升挡（开大光圈）。

频闪、闪光灯 1. 频闪，描述可以提供快速、连续的闪光的光源。2. 泛指所有的电子闪光灯。

同步线 电子闪光灯与相机之间的连线，能使两者同步工作。

同步 相机的快门打开与闪光灯的发光同步进行。

裱褙熨斗 用来融化干裱的粘贴材料。将这种粘贴材料放在照片的局部与背板上，这样可以在装裱时保持照片的正确位置。

长焦效应 使用长焦镜头产生的空间透视效果。在拍摄场景中，景物比实际效果汇聚得更近。

长焦镜头 泛指所有的长焦镜头。具体地讲，就是其有效的焦距大于其实际的尺寸。

通过镜头测光（TTL 测光） 相机内置的测光表对通过镜头的光线进行测光。

TIFF 一种开源的文件格式，用于保存数码照片，可以在绝大多数电脑中被大多数图像浏览软件打开。

透明片 位于玻璃或胶片等透明材料片基上的影像，可以通过光线的照射看到影像的存在。

三脚架 三条金属或其他材料的支架支撑住相机，通常支架可以进行调节，云台也可以进行调节。

TTL Through the Lens 英文首字母的缩写，意为通过镜头查看或测光。

TLR 双反相机。

反光伞 外形像伞，内表面具有反光作用。常用于将光线反射至拍摄对象。

曝光不足 曝光时光线不足，导致图像太暗。

大画幅相机 这种相机的镜头直接将影像显示在取景屏上，拍摄时，用胶片盒取代取景屏曝光，它的前板与后板可以设置成不同的位置与角度，从而改变拍摄的焦距与透视。

取景器 相机上的一个用于观察景物或取景的小窗口。

取景屏 用在反射式相机或大画幅相机上，可以在毛玻璃上看到映像或进行调焦。

虚边框 使照片的四周曝光不足。有时摄影师会刻意追求这种效果，但经常是由于镜头意外地只在底片或相纸上形成了部分影像而造成的。

白平衡 一种数码相机的设定，用于调节一些特殊光源的色温，比如钨丝灯或日光。在正确的设定下，白色物体会呈现出白色，而不会被带有颜色的光线所染色。

广角变形 在使用广角镜头靠近主体被摄物进行拍摄时产生的透视变形。景物看起来会比实际拉得更长或分得更远。

广角镜头 参见短焦头。

区域调焦 提前设定镜头的焦距，使运动中的被摄物处于有限的景深内。

变焦镜头 这种镜头可以调节焦距。

美国简明数码摄影教程

本书汇集了几代摄影教育家的集体智慧，是一本紧随时代和社会发展的简明摄影教程，内容广泛，实用性与科学性强。书中深入浅出地讲述了摄影的各个方面，包括相机、镜头、用光、曝光、数码暗房、图像处理、组织与存储照片、作品的输出与展示等。此外，还详细讲述了作品赏析以及摄影历史等方面的知识，集器材使用、拍摄技法、后期处理与照片存储、摄影历史于一体，几乎涵盖了当今摄影界所有的基础技术和前沿技术，是一本难得的优秀摄影书籍。

本书适合所有摄影从业人士以及摄影爱好者阅读，同时也适合各类专业院校作为教材使用。

作者简介

Barbara London，纽约现代艺术博物馆(Moma N.Y.，纽约现代艺术博物馆可以说是引导世界现代艺术潮流最重要的美术馆)副馆长，摄影与影像部主任。

Jim Stone，美国新墨西哥大学摄影专业教授，美国马萨诸塞艺术委员会及美国国家艺术基金会大奖获得者。作品曾被纽约现代艺术博物馆、美国国家艺术馆、汉堡工艺美术馆等多家艺术机构收藏。

PEARSON

封面设计：董福彬

分类建议：艺术／摄影

人民邮电出版社网址：www.ptpress.com.cn

ISBN 978-7-115-31362-1

9 787115 313621 >

ISBN 978-7-115-31362-1

定价：69.00 元

全国高职高专教育规划教材

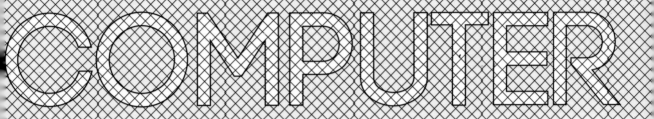

COMPUTER

计算机
应用基础实训 （第2版）

王津 主编

韩银峰 李琳 黄丽英 副主编

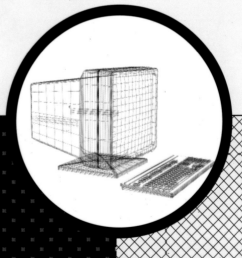

高等教育出版社
HIGHER EDUCATION PRESS